符 晓

20世纪80年代符晓在第十一普查勘探大队分析讲解川西地区天然气勘探前景

新场气田新 851 井在须家河组二段钻遇高产气流，获得四川盆地川西陆相致密砂岩气勘探重大突破

符晓在井场查看录井岩屑实物资料

符晓向西南油气田元坝气田基层技术人员和管理干部讲述川西红层勘探发现的曲折历程

四川盆地陆相天然气勘探开发理论与实践

符　晓　著

科学出版社

北　京

内 容 简 介

本书以创新、独特的哲学思维和前瞻性的专业认识，主要讲述四川盆地陆相天然气勘探开发的理论发展和实践，总结作者数十年来现场找气的经验和感悟，揭示四川盆地陆相及类似盆地的天然气资源潜力。包括三个方面："断破控产，顺势而为"的成藏预测模型；致密砂岩"砂缝结合部"的部署思路；"动态生聚、气化成藏"的天然气立体勘探开发新理论。

本书既适合于从事油气勘探开发专业技术人员、石油高校在校师生、勘探开发的决策者参考，也适合于对石油科普知识感兴趣的社会人群。

图书在版编目(CIP)数据

四川盆地陆相天然气勘探开发理论与实践/符晓著.—北京：科学出版社，2017.6

ISBN 978-7-03-053863-5

Ⅰ.①四… Ⅱ.①符… Ⅲ.①四川盆地-陆相油气田-天然气-油气勘探②四川盆地-陆相油气田-采气 Ⅳ.①P618.130.8②TE37

中国版本图书馆 CIP 数据核字 (2017) 第 141096 号

责任编辑：张 展 黄 桥/责任校对：韩雨舟
责任印制：罗 科/封面设计：墨创文化

科 学 出 版 社 出版

北京东黄城根北街16号
邮政编码：100717
http://www.sciencep.com

成都锦瑞印刷有限责任公司印刷

科学出版社发行 各地新华书店经销

*

2017 年 6 月第 一 版 开本：787×1092 1/16
2017 年 6 月第一次印刷 印张：10 1/2
字数：250 千字

定价：118.00 元
(如有印装质量问题,我社负责调换)

自 序

物有本末，事有始终，跌宕行程，创新之基。

笔者生于 20 世纪 30 年代，在那个动荡时代来到这个世界——大巴山达县赵固乡观音崖农村。从小在红色的泥土上种地，在白色的石盘上(即沙溪庙组大砂岩)晒粮和玩耍，盛夏时节在石盘上纳凉睡觉。还眼见美国人在巴河边税家槽打了一口油井，叫"气油井"。油气这个信号，便无意中留在了我的脑海里。1958 年我参加高考，被四川石油学院录取，从此便框定了我半个世纪的人生。更有趣的是，我一生找气捕虎中最好的地下气库之一，却是生我养我的泥土，石盘的家族——红层侏罗系沙溪庙组。

回顾我寻找油气的经历，可谓充满艰辛，跌宕起伏。大学五年(1958 年 9 月～1963 年 7 月)转瞬即逝，算是我的油气初恋阶段。毕业后，我先是分配到地质矿产部(简称地矿部)第五普查勘探大队驻地湖北沙市区，参与沙 8 井、沙参 1 井的地质录井描述等工作。1965 年 5 月，为支援三线建设，调回地矿部驻川的第二普查勘探大队，就在野外大巴山区测剖面、踏路线，从事断破缝统计工作(以八面山为主)。其间，又先后参与宣汉川参 1 井和达县雷音铺川 18 井的录井、完井报告编写及监控工作，共计 12 年。1978 年，调到川西龙门山前安县玉泉川玉 33 井、川玉 35 井从事录井岩屑描述等工作，逐渐认识到四川盆地这个"贫而面广累计富"的天然气藏及其特点。至今想来，由此伴随我一生的实践磨炼和地质认识经历，恍若昨日，仍历历在目。

一、学习实践跌宕的经历

(1)在大学五年的求学中，笔者较系统地学习了石油天然气生成、运移、聚集、勘探、开发的基础知识和粗浅的哲学常识。其间，还参加了井队的钻井工劳动、华蓥山踏勘、大巴山测剖面等实践工作。

(2)五年野外地面地质勘测。20 世纪 60 年代，笔者在四川万源八面山区等地参与野外地面地质勘探的过程中，看过、触摸过陡立山体、断破岩石及生物化石，也描述过大巴山等地区山体的海相、陆相岩体的隆、断、破、褶的组合及相伴生的各类灰岩、砂岩、泥页岩和方解石、石英等次生矿与岩石破裂的共存关系。

(3)十二年的井下地质录井工作，参与了沙 8 井、沙参 1 井、川参 1 井、川 18 井、川西川 33 井及川玉 35 井的捞砂、岩性描述、钻井设计、完井报告编写等。这期间，经历了三次事故：第一次是 1964 年下半年湖北沙参 1 井漏取岩心的悲剧，当时的司钻说

"钻时加快"，井队长听见后便亲自上钻台试钻，却不慎穿过含油层导致漏取设计的第三系（E）油砂，在 1964 年"四清"运动中，地矿部领导现场查实后井队长受到撤职处分；第二次是 1970 年川东北川 18 井钻进中，在设计目的层石炭系（C）之上的下三叠统飞仙关组（T_1f），遇气层井口失控气喷，带出的硫化氢（H_2S）将钻台上 10 多人毒倒，惊动了四川省政府，动用了达县、万县、南充三地公安消防队伍进行抢险，人虽得救，井却报废；第三次是 1978 年安县玉泉川玉 33 井在设计目的层须二之上须四段发现井喷，三天后发生坍塌报废的事件，井喷段为砂岩，并含方解石次生矿物，日产能约 $50×10^4 m^3$，因失控导致该井坍塌报废。

这二十年的跌宕经历，尤其是这三口普查井的事故和报废的教训，在我脑海中萌生了什么概念呢？从找气角度讲有三点：盆地含气普遍性、气富集的规律性、实施中的预防和灵活性。这就是我近二十二年练功磨刀期的勘探感悟。这点悟性，尚待在"砍柴期"的实践中去验证拓展。

二、发现、开发川西深、中、浅气层的回忆

回忆我这二十年从事天然气普查勘探规划、设计、现场监控和决策时期，又可分为两个阶段。

（一）第一阶段：参与运筹发现川西陆相气藏的回忆

1983~1994 年，笔者在地矿部第十一普查勘探大队（简称十一普）任地质技术负责人（副总工程师），担任地质技术普查设计、井位勘定、钻井监控工作期间，逐渐悟到断、隆、破、盖优化组合也是致密碎屑岩体中找气的观点，参与部孔或测试，实现了川西浅、中、深的发现，即蓬莱镇组（J_3p）、遂宁组（J_3sn）、沙溪庙组（J_2s）、自流井组（J_1z）及深层须二段（T_3x^2）工业气层的发现。

1. 合兴场深层须二捉"大虎"两只

第一只"大虎"的发现是在 1984 年上半年，接到局已部川柏 102 井任务，去现场踏勘中感觉该井处于中石油的中坝、梓潼已开发区内，空间小，笔者便根据了解的资料建议在川西合兴场构造北区两组断裂交汇的上盘部署川合 100 井，目的层是须二段，西南石油局王金琪、郭正吾等老总在看过笔者带来的地震构造图，并询问现场实况后，当场表态同意笔者的建议，定下了盆地首口深井，并以"先上合兴场，缓上柏树嘴"的建议呈报地矿部。为保证川西拗陷首口深井钻探成功，局长郝凤泰请来美国技术团队负责井场工程技术管理，实施钻探。这是地矿部第一台进口的美国电动钻机，笔者从开钻到完井，负责了地质监控、协调及实施结果，在预计目的层须二上段获日产 $50×10^4 m^3$ 的工业气流。实现了地矿部在川找油气的第四次重大发现，获得找矿一等奖。

第二只"大虎"的发现是在 1987 年，同样在合兴场构造南段另一断裂高点区，笔者建议仍按两断裂交汇上盘部署川合 137 井，经采纳实施获日稳产近 $17×10^4 m^3$，为合兴场

南高点的发现井，再获地矿部找矿一等奖。

2. 孝泉、丰谷中深层，捉"虎"三只

第一只"虎"是孝泉红层遂宁组抓住的"中型气虎"。在十一普召开的首次西南石油局勘探部署会上，我按照断破上盘控矿的观点，建议在川西孝泉构造南翼断破上盘部署川孝 104 井，地矿部第二物探大队地震资料解释者陈昌仁也同意，目的层为须四段，实施在其上遂宁组底部砂缝结合区发生井喷。笔者在现场见井喷持续的好势头，建议完井测试获准，固井中出现环空窜气，且量大持续的状况，便向局老领导郝凤泰探讨国外有无类似环空采气的先例，并提出了"顺势环空输气"的设想，得到老领导的同意，经实施环空采气，日输气近 $4×10^4 m^3$，该井便成为川西首口向绵竹县供气之井。

第二只"虎"是川孝 106 井，为笔者建议在川孝 104 井同井场部署的一口井，按西南石油局要求，目的层仍是须四段。在钻遇沙溪庙组（$J_2 s$）中，笔者从录井月报资料上见到次生矿物和气浸记录，便请十一普地质科王平去现场实查并连夜编图落实，证实为砂、缝结合部，遂建议完井并获批准。固井中又是环空窜气，几天不停，现场简测约 $10×10^4 m^3$ 产能，凭借川孝 104 井的实践经验，又顺势环空采气，就此发现了川西红层沙溪庙组气藏。

第三只"虎"是川丰 131 井，在丰谷构造自流井组抓到日产 $16×10^4 m^3$ "气虎"。采气近一年，井塌报废。

经笔者阅读区域二维地震资料，发现孝泉—新场—罗江—丰谷为川西拗陷最大的背斜带，建议勘探绵阳区内的丰谷构造。局里同意勘探后，参与部孔、现场监控，先后在川丰 125 井发现须四段、须二段的工业气层（测试不成功），在川丰 131 井沙溪庙组气浸、自流井组强涌，裸眼测试自流井组发现工业气流，日输气 $16×10^4 m^3$，但因裸眼段太长（800m 左右），最终导致垮塌被埋。由于当时工程技术局限，获产不稳，开发未成功，但中石油后来上钻的丰 1 井须二段、须四段和自流井组获产，从实践上证明丰谷构造也是一个具有多层有气开发的构造，建产不成功的原因多与实施工艺不到位有关。

3. 孝泉浅层的川孝 153 井捉到"小而肥"的"气虎"

1992 年局部署的川孝 153 井往设计目的层沙溪庙组（$J_2 s$）钻进过程中，于 700m 浅层蓬莱镇组（$J_3 p$）遇强烈井涌。当天十一普决定"封井"往下钻进，地质科长耿玉臣参加会议告诉我此事，我获悉后，便立即同钻井工程人员于凤莲去井场，请地质组长赵永华拿出岩屑。经实查，在井涌处发现众多米粒大小的方解石，认定为"砂缝结合部"，这正符合我论文中的观点：致密砂岩，欲获自然工业产量，只有在砂缝结合部。下午回队后立即电话向局汇报实况，并建议测试，在自贡开会的局总工郭正吾当晚答复"同意测试"，实测获日产 $2.5×10^4 m^3$，实现了川西浅层 700m 突破，原不被看好的"过路气"变成"浅而肥"气藏。从此，川西浅层"气虎"出山，引起大面积开发，也改变西南石油局的命运。个人首次获得三千元找矿发现奖金。

前述三个构造（合兴场、孝泉、丰谷）五个层位（$J_3 p$、$J_3 sn$、$J_2 s$、$J_1 z$、$T_3 x^2$）浅、中、深 6 口井工业气藏的成功发现，得益于当局领导、总工们的开放思维和重视现场实践，听得进、放得下，及各科作业部门的有效组织配合。

正当在川西发现浅、中、深气层后进入全面勘探开发阶段，我却因年过 59 岁，于 1994 年 3 月离开了技术负责(副总工)岗位，后又立即主编地矿部石油专业技术等级培训全国教材《石油地质工》(中国新星石油公司)，首稿于同年六月份完成。

"喜中引来忧患"，原来，川孝 153 井发现浅而肥的气藏且得到稳产后，德阳等地方单位便强行在最好的区块打若干浅井，平均日产大于 $2 \times 10^4 m^3$，并不断扩大。为了有序开发，四川省委出面协调，在新场地区划出一块面积 $42km^2$ 的区块，由西南石油局联合地方政府共同开发，成立新场气田开发有限责任公司(简称新场公司)；本人于 1994 年 6 月得到调令，任公司总工程师，于 7 月 1 日上岗，走上了勘探开发的"砍柴之路"。

(二)第二阶段：主持勘探开发川西中浅层气藏(新场区块)的回忆

川孝 153 井浅而肥气层发现后，仅两年时间，西南石油局与德阳地方共打浅井 46 口。面对 $42km^2$ 的区块内长达约 10 年已打 58 口浅、中层气井的形势，新场公司如何看待其资源潜力，如何运作呢？

1. 科学认识，"树有根、气有源"

川西盆地是一个满盆被气化的含气盆地，下有陆、海相 4000~6000m 的生气层系，经几千年到上亿年，生成密度低(为空气密度的 0.55)、体积小(可进入水分子中)、性能稳定的气体，在压力推动下，以渗滤、扩散、气化等方式垂直上移到红层侏罗系数千米的砂、泥互层的储、盖体系中。在动态体系中，地下有补，地表也有散，在补大于散的动态中，那些有储集空间的岩体，便汇集成藏。其丰度、压力系数又与井眼经过的部位高低、储层物性、破裂程度有关。同时，无论打多少井，都找不到其深度、厚度、孔渗性和日产量完全一样的两个气层，这好比一棵树上找不到形态、大小、颜色完全一样的两片树叶一样。因此，川西盆地中的红层气藏是一个有源、有储，宏观有规律、微观多变数的具有普遍自然规律、面大层多的次生气藏。

2. 怎样科学开发？科学规划，创新运作，丛式水平，压裂突破

新场 $42km^2$ 范围内，纵向约 5000m 地质体的科学规划。

(1)科学规划：在"气化成藏、满盆含气"的背景下，按照由浅到深其含气丰度、施工难度双增的原理，拟定"浅上产、中稳产、深后备"的"1-8-5"规划。

即三年内完成探明可采储量 $100 \times 10^8 m^3$，日产规模 $80 \times 10^4 m^3$，稳产期大于 5 年。但这个规划赴西南石油局讨论时遇到局里数位中高层总工、副总工们的严审和质疑，对我们的工作也是警示。历来具有开放性思维的局总工郭正吾总结指出："规划有一定道理，勇于创新，允许公司去探索"。新场公司便按规划实施开发。

(2)创新运作三高产。在"断破控产、顺势而为"的创新思维下，到 1995 年底，仅用一年半的时间就建产达日产 $100 \times 10^4 m^3$ 规模。

A．顺势而为 $11 \times 10^4 m^3$。在 $42km^2$ 的主体区，南北与北东二维地震断破交汇上盘区，部署了以沙溪庙组(J_2s)为目的层的新 806 井。实施中，在巡视现场监控中笔者等发现录井剖面在井深 1000m 的蓬二段(J_3p^2)遇"气浸，低钻时，约 20m 砂岩"的三信息一体的好事，经查岩屑为粗粉——细砂岩，又处于断破带上，便顺势而为，当场决定同井场专打一口浅井，即新 77 井。公司领导同意后，实施一个月内获日输气量稳产 $11 \times 10^4 \mathrm{m}^3$，成为川西地区浅层蓬二段($\mathrm{J}_3\mathrm{p}^2$)第一口高产发现井，已输气 20 年，累计采气 $1.3776 \times 10^8 \mathrm{m}^3$。

B. 加深探索 $30 \times 10^4 \mathrm{m}^3$。新 806 井在继续施工中，在沙溪庙组($\mathrm{J}_2\mathrm{s}$)也见好显示。笔者想，若井眼通过千佛岩组($\mathrm{J}_2\mathrm{q}$)因断有破碎，又是一个小侵蚀面($\mathrm{J}_2\mathrm{x}$ 底、$\mathrm{J}_2\mathrm{q}$ 顶)，获产的希望很大，于是决定将新 806 井设计加深探索千佛岩组($\mathrm{J}_2\mathrm{q}$)含气性。得到公司领导同意后，按原计划井深只加深 60m，结果出现强烈井涌，次生方解石又多，便现场决定衬管完井测试，获稳定日输气 $31 \times 10^4 \mathrm{m}^3$，成为四川盆地川西拗陷中千佛崖组首口高产、稳产发现井，累计采气约 $2 \times 10^8 \mathrm{m}^3$，公司骨干六人获地矿部找矿一等奖。

C. 抓住小断获 $8 \times 10^4 \mathrm{m}^3$。在 $42\mathrm{km}^2$ 西段南侧，二维有断破显示区，部了新 67 井，目的层蓬一段($\mathrm{J}_3\mathrm{p}^1$)井深约 700m，实施测试，在井深 750m 左右获日输气 $8 \times 10^4 \mathrm{m}^3$。

此三井共输气达 $50 \times 10^4 \mathrm{m}^3/\mathrm{d}$，加上其他先后 20 多口浅井，累计输气日产约 $100 \times 10^4 \mathrm{m}^3$，仅一年半(1995 年底)就超额完成三年建产规划 $80 \times 10^4 \mathrm{m}^3$ 的任务。这正是："瞄准断破虎聚窝，顺势而为将虎捉，三井三层三高产，创建红层好样板"。

(3)引用新技术，红层气的科学有序开发获得成功。

A. 气化满盆是背景，但丰度受控于岩石孔隙度和破碎状况，便决定借用二维地震资料，描述红层河道砂岩分布，实施结果是建产面积扩大三分之一，建产成功率由 50% 上升到 90%。

B. 引进丛式、水平、压裂建产模式，首先打蓬二 1000m 井深的新 901 水平井，稳产相当于三口直井；新 704 井组在蓬一打 4 口丛式井获产成功。沙溪庙组压裂的突破口是新 811 井($\mathrm{J}_2\mathrm{s}$)在产气 $200\mathrm{m}^3$ 的情况下，便以认定资源不放弃的原则，请加拿大华人顾问对沙溪庙组加砂压裂成功，日产气由 $200\mathrm{m}^3$ 升至近 $10 \times 10^4 \mathrm{m}^3$，从此沙溪庙组成为川西红层主产层，打开了川西地区沙溪庙组规模稳定开发的局面，至今仍是川西陆相主力气藏，超过川西整个建产量的 60%。到 2000 年，公司实现红层($42\mathrm{km}^2$)建产约 $200 \times 10^4 \mathrm{m}^3$ 稳产开发，为"1-8-5"规划两倍以上。上述仅是公司成立时规划的"浅上产，中稳产，深后备"的前两项，至今开发已有 20 多年，也是全盆地红层气开发最成功的区块，并推动了川西马井、中江乃至全川红层气藏的开发，笔者一个心愿得以实现。

有道是：亿年气化，满盆含气，结构不均，丰度差异，三维扫描，虎巢展现，利剑开道，气虎出山。

三、探索新场深层(须二)，喜忧参半

(一)放眼全川，含气普遍

须二含气区域性强。四川盆地西部从中坝—丰谷—合兴场—鸭子河—邛崃，凡有圈闭构造，实钻都见工业气流。

(二)林中看树，新场根深

新场地区二维地震圈闭 $2km^2$ 不到，但放开视野来看，孝泉—新场—黄许，是一个北东向背斜带，如果视为森林的话，新场须二圈闭仅是其中的一棵树，从林中看树的视野，新场须二根深气足，值得一探。

(三)扎实运作，三维选点

经西南石油局第二物探大队作三维地震，准确定位其结构、埋深、圈闭大小、断裂状况，三个月资料出来后，须二圈闭上升为 $8km^2$，并在其南翼发现有断裂纵横的断隆组合结构，为进一步落实精准，又将此资料送到国外加拿大的华人专家处复查认可。

(四)精选孔位，断破交汇

笔者根据经验，对断裂背斜组合的理解，最后敲定高点南段的南北、东西断破交汇上盘为 851 井井位。

(五)产量预测，先建气站

为防止污染，做到测产后立即输气，公司经理问："建多大单井输气站?"笔者建议日输气规模大于 $50×10^4m^3$，公司照此实施。

(六)明智决策，加深获产

由于该气田无深井实钻资料，地震反射界面、地质属性是从邻区推测的，而陆相地层变化大，又有断层干扰，实钻须四底已比设计深了 80m，须二顶设计 4530m，实钻 4635m，深了 105m，当钻达须二段 4735m 后，已过圈闭溢出点，砂岩致密，有页岩，无裂缝，在泥浆比重 1.61 条件下，无气显示。如何办？立即找原因，经在现场查阅分析三维地震剖面中，发现时间剖面 $T_0=2.4s$ 的强相位下，有一个振幅相对弱反射区，又在断层延伸交汇部下，笔者建议越过溢出点这个坎，往下钻探，在征得专家、领导同意后，笔者便守在现场往下钻，结果钻过 24m 页岩(腰带子)后，进入地震相位弱反射区，钻遇砂岩中出现良好气显示，并有大量次生矿物，于是决定在 4870m 终孔，初测获无阻流量 $151.7×10^4m^3$，稳采气 $40×10^4～50×10^4m^3/d$，实现了"深后备"的构想。

(七)新 851 井被埋，新 856 井找回来

1. 新 851 井如何被埋？

新 851 井采气一年半，采气量超过 $2.4×10^8m^3$。试采验证，无阻流量 $329×10^4m^3/d$，动态储量 $80×10^8m^3$，但在 100℃以上的高温下，井口套管头漏气逐渐增大达到 $3×10^4m^3/d$ 左右，水与气同溢，什么原因？如何处理？笔者认为，可能是日本进口的 7 寸套管和国产采油树的钢材，在井口 100℃以上的高温下膨胀系数不同所致，可用泥浆压井后，修复井口，到会的四川石油管理局石油专家也有这样的共识。另一种意见认为，这与井下

套管(7寸)固井窜气或破损有关，因此要用水泥注入封死气井。实施就按这个方案进行，实施情况是什么样的？当水泥一注井后，地面火灭了，井口套管、油管、采油树结合部，不漏气了，但水泥按计划挤满井筒入地层而终止(四川石油管理局施工)。

2. 新856井如何找回？

一是新853井过新851井产层靶点之下获中产。在处理新851井期间，就在北东200m处，已布新853井，决定改定向斜井，直打新851井须二产层靶点，实施对应须二产层段4820~4840m，未见裂缝与显示，笔者现场建议加深，实施到5110m段见井涌，按程序固井后，对井深5024.22~5056.22m，垂深4978.50m射孔(比851井深144m，进入须二段343.50m)，获稳产$8.7\times10^4 m^3$气流，累计采气超过$1.3162\times10^8 m^3$。

二是新856井按"同楼不同室"的思路部井，实施后获日产$60\times10^4 m^3$，成为川西当时最高产气井，累计采气已超过$3.4467\times10^8 m^3$，个人获奖1万元。有趣的是，笔者1984年在十一普做地质技术负责人首次建议部署的第一口深井川合100井，在设计目的层须二段获得地质矿产部找矿一等奖；20年后的2004年初，笔者离岗前夕受命部署的新856井，在不同构造的同层位获最高产，再获奖1万元。正是：埋虎避险保平安，牵虎技到又出山。

据2015年9月西南石油局有关资料统计，2009年提交的须二上下两单元探明储量是$1211.2\times10^8 m^3$，含气面积是$141.32km^2$；已动用储量$77.4\times10^8 m^3$，投产井15口，累计采气$21.0\times10^8 m^3$；目前生产井9口，日产气约$40\times10^4 m^3$。看来新场须二气藏是一个丰度不均、深埋难捕之虎。

(八)与时俱进，创建"一井多点，网络建产"的运作机制

1. 一井多点，网络建产

面对须二这个体大深埋、分布不均的含气体系，需借用当今先进技术，改变一井一点的做法，创建"一井多点，网络建产"的开发模式。即纵向上：须二目的层段延伸，从须三底部到马鞍塘都当作大目标开发，不达目的不收手；横向上：优选第一目标为直井，然后多方向优选靶点打斜井或水平井，这些斜井、水平井均从直井中下部(须三段起)开窗侧钻，把点捕变成体捕。

2. 一井多刀，造缝增产

在分析地质平面、剖面图的基础上，选好目标定向压裂，一般是垂直自然缝方向开刀，有望沟通多个自然缝，汇总建产。此法可选用已停产的老井探路，以量小点多为好，重在沟通自然缝。

四、论文、口诀是从业经历的部分回忆

论文、口诀是什么？是笔者上述半个世纪"身在地上走，脑在地下游，气虎体现身，脑网将虎捉"的跌宕磨炼追逐气虎经历的部分反思、感悟和想象的记录，现就相关主要论文简述如下：

（1）《理论·经验·思维与成藏预测》一文，是笔者对油气成藏的理论探讨和哲学思维（此文获 1999 年 8 月世界学术贡献"论文金奖"及"华人成就奖"，收入世界学术文库）。

（2）《探索无机成油气藏的地质条件兼论四川盆地西部找油气方向》是阅读全球油气有关学术会对有机、无机生成的争论资料，在理解基础上，结合个人实践，对 C、H 这两个元素的特性，得出的个人感悟和观点。即有机、无机都能酿成油气藏，关键是条件。此文在 2003 年 1 月香港评选中荣获"国际优秀论文奖"及国家论文金奖，并被收入《跨世纪石油天然气产业文集》（见 339 页）。

（3）《川西新场气田中、浅层气藏特征及立体勘探开发技术思路》一文，是对四川第一个红层气田的成功勘探、开发实践过程中技术思路的部分记录。此文被 2003 年《中国西部理论与发展》丛书编委会颁发"特等奖"，并收入《跨世纪中国石油天然气产业文集》（见 847 页）。

（4）《天然气勘探的哲学思维和"首尾归一"的模式》，是以首尾归一的圆点哲学思维，看待天然气勘探开发的诸多作业中每项作业的过程，用曲线思维从最终成果大局出发，前后无缝对接，走曲线轨迹便能最终回到起点获成功。这也是本人长期在勘探开发一线，从地质部孔—设计—现场实施，把握住每道工序等实践经历的反思与总结。也是当今"命运一体，同担共享"体制改革的理论支撑。

（5）《找气实践口诀》，意将复杂难懂的专业术语，浓缩成大众化、形象化、便于理解的语言。如首篇"一盘二饼四匹狼"，从盆地结构、沉积、演变、组合成海相、陆相和过渡相三套沉积体及对应不同丰度的油气藏。又如《川西找气四字经》中，强调川西海相潜力的叙述："三套系统，各有所长；只求温饱，陆相达到；欲过小康，海陆互相（须家河组）；还想富裕，得下海洋；谁主沉浮，当今帅将"（此文刊于 2004 年 6 月 30 日《西南石油报》）。

尾　声

格物而后知之，知之而后意诚；意诚而后深究，深究而后有悟，有悟而后有行，有行而后有成。一言以蔽之：

> 隆破有盖铸虎型，笼大虎多待人擒；
> 擒虎慧眼窝看准，压差牵虎虎跟人。

有道是，树有根、水有源，笔者能参与川西气田的发现、勘探及开发，要感谢原西南石油局郝凤泰、赵复兴、唐寅昌、张爱东、青永固等局领导，及地质老总王金琪、郭正吾给我的平台和指导，也感谢同事们的支持。对西南石油工程有限公司地质录井分公司领导陈必孝、王平及研究所冉飞、夏杰、王崇敬、蒋延娜等同志百忙中挤出时间进行系统的资料梳理和编排，深表谢意！同时，谨以此书献给长期以来默默支持我的家人和挚友。

符　晓

2017 年 3 月于成都

目　　录

第一篇　勘探开发的哲学思维

Ⅰ-1　理论·经验·思维与成藏预测[*]

符　晓

（新场气田开发有限责任公司）

　　川西新场气田，是西南石油局自 20 世纪 70 年代川西中坝气田发现后，经过近 20 年的探索发现的又一大气田。气田已查明各类储量之和超过 $500 \times 10^8 \mathrm{m}^3$，年输气能力达到了 $7 \times 10^8 \mathrm{m}^3$，为川西、德阳、绵阳黄金经济发达区的建设作出了重要贡献。

　　回顾气田发现的坎坷之路，引起了笔者对川西找气的理论、经验、思维与成藏预测话题的反思。

　　20 世纪 80 年代一位美国老地质学家华莱士·E·普拉特讲了一句富有哲理之言，他说："新油气田的发现，首先是在地质学家的脑海里。"是地质勘探者，据已获得的零星资料、信息进行归纳、组装、形象思维设计出来的目标。然而如何应用理论、经验和采取什么样的思维方法，不同的地质勘探者常常对同一地区作出不同评价，产生不同的找气效果。

一、理　　论

　　形成油气田的基本概念或理论，是油气源、储层、盖层与圈闭。这是数百年来人们从大量实践中总结出来的成矿必备条件，具有普遍性。这些要素的组合配伍程度不同，便形成不同规模、不同丰度的油气藏。然而，油气源、储层、盖层及圈闭的含义是很丰富的，并随着实践的发展而发展，具有很大的相对性。

　　(1)"油气源"这一话题是几百年来地质界争论未完的，有"有机"学派，有"无机"论者，也有二者兼而有之的二元论者。从近代宇宙化学、深海调查、超深钻探等领域，都分别在太阳、外行星、卫星领域发现大量碳氢化合物；东太平洋中隆区强烈喷出氢、甲烷；科拉半岛上 11km 深井结晶岩中，有高浓度烃的沥青包裹体；大陆裂谷盆地油气储量占全球近 50％等最新资料信息说明，有机与无机争论意义不大，有机与无机都能形成烃类。笔者冒昧一言，这里的实质问题，是对"C"的化合形态和循环方式的理解。"油气"是"C"元素在特定环境下化合状态，即是在一定压力、温度和接触物质环境中，暂时的一种相对稳定状态，同时从地质史角度讲，"C"元素又以各种化合状态或

　　* 论文注释：论文于 1999 年 9 月公开发表于《世界学术文库》华人卷第一版，并获世界学术贡献奖"论文金奖"。

单质进行着不断的运动转化。大循环从天体宇宙→地球大气圈、水圈、生物圈、岩石圈→地心，小循环就是大气→生物→水→岩石圈等，到处都有 C 及 C 的化合物存在和运动。因此，烃类资源应该是丰富的，人类目前寻找资源主要在岩石表层及部分水体，从领域的角度看，宏观上是非常丰富的，只有丰度差别而已，差别就是储集场所与供给的通道系统。地球上大陆裂谷区油气资源占全世界 45％，就是因为在那里有很好的通道系统，即沉积盆地是最好聚气场所，裂谷是最大的通道。

（2）储层：到目前为止，几乎所有具一定基质孔隙度或裂缝系统发育的岩石中都找到了油气藏（包括泥质岩、火山岩、变质岩中），只有储集体面积大小、孔隙度高低，其规模、丰度大小存在差异而已，工业性储层与非储层是从量变到质变的，并与工业技术条件有关，其界限也随技术进步而调整。

（3）盖层：这一概念是对上下岩层相对渗透性而言的，即是相对渗透率低的岩层可以成为相对高渗透率岩层的盖层。从压力角度讲，即油气突破压力高的岩层可成为突破压力相对低的岩层的盖层。有一种提法"某某气层因压力低，其上不厚的泥岩可以封住它。"此说法值得讨论，如果说，其下气层的压力系统是由其上封盖层的封盖能级决定的，是否更恰当些。川西新场气田，从 500～2700m，压力梯度从 0.012MPa/m，逐渐上升到 0.014MPa/m↑0.016MPa/m↑0.02MPa/m，这是因为从上到下盖层（泥质岩）厚度增加压实强度增加封盖能级增大所致，即不同级别的封盖层，封盖着不同压力系数的气层（假定气源是充足的，并至今不断供给），因此盖层更是一个相对性的理论。

（4）圈闭：圈闭是由于不渗透或渗透性较储层差的岩层所形成，或者由于岩性的侧向发生结构上（致密度）的变化所形成的具有三维空间的遮挡体系。其特点一是多种多样，有构造、岩性、地层、断裂等圈闭，有多元混合圈闭，如新场气田是隆起背景下的岩性圈闭，或者叫构造岩性圈闭；二是圈闭具有相对性与暂时性，有的圈闭能封住油，但是不能封住气，构造形成的圈闭，又随时间逐渐演变，从非圈闭→圈闭→破坏，而其中的油气也随之演变，或是富集，或是散失。研究资料表明若圈闭中散失量大于供给量，地史中油气藏在很短时间就会被破坏掉。因此，所有的油气藏都是一个暂时的、相对的动平衡系统聚集的地质体。

总之，油气藏形成的理论是一个老话题，但必须随着科学的进步和实践的发展，不断补充、调整与完善。

二、经 验

自然科学、社会科学有各自独特的学问和事物运行的规律。机械行业、建筑业、电子信息行业等，其产品之所以规格化，可世界通用，是因为这本来就是人们设计、制作的；而地学领域的各种现象，是亿万年地球的内外营力所酿成，并处于不断地变化发展中，人类既未经历其发展，也难直观其现状，更不能全模拟，主要是靠取得的零星、改造了原形的部分实物资料和从地球物理、地球化学场中所获得的间接认识，具有很大的想象与推测性，由于油气属于易流动的矿床，地营力可使其聚集，也可使其散失、破坏。

因此，再高明的地质家也难以经历和知道他将要遇到的新情况，更难用甲地的经验去框套乙地的地质事件，应该说在庞大的地球面前，人类知道的太少太少，而未知的东西却太多太多，怎么能用已知一点儿去对未知的地区下结论呢？让我们回顾下面几个找油气的例子，也许能获得一点启示。

1.　中东科威特的特大油气层的发现

在此油气区发现前，美国、英国、荷兰等国的几家世界大型石油公司，已在邻国伊朗一批油田开采了二十多年，却都看不起科威特（或阿拉伯），没有一家公司愿意去勘探，有的公司还断定科威特没有石油，而另一家对中东石油情况知道得很少的公司，却主动申请去科威特勘探石油。不到十年，这家公司便成了世界石油生产巨头之一，这就是海湾石油公司，原因就是他还不知道科威特没有石油。

2.　中国塔里木盆地油气田的发现

20 世纪 80 年代初，一批全国性的石油界专家在乌鲁木齐市论证，根据已获得部分资料和经验，认为该区油气源不足，很难找到规模性油气田。可会议结束，墨迹未干之时，地矿部西北石油局施工的沙参 2 井，由于取心提钻抽吸，引起巨大的石油井喷，进而发现了塔北油气田，并成为陆上油气接替基地。

3.　莺歌海盆地浅层大气田的发现

南海西部石油公司近年来在其盆地第四系到上新世泥底辟构造，钻 20 口井，井深 $800\sim1500\mathrm{m}$，评价了 9 个构造，发现了 6 个含气构造、2 个气田，探明地质储量 $1200\times10^8\mathrm{m}^3$，单井层无阻流量为 $100\times10^4\sim480\times10^4\mathrm{m}^3/\mathrm{d}$。而中深部还有若干油气层待勘探，就这么，浅而肥的大气田在十年前被一些中外专家评价为"无油气源、无储层、无圈闭的三无地区"，被延迟了十年才发现。

4.　川西新场大气田的发现

该气田在侏罗系红层中 $500\sim2700\mathrm{m}$ 井段，已发现评价了 4 个开发层系，各级储量之和超过 $500\times10^8\mathrm{m}^3$，年采气超 $7\times10^8\mathrm{m}^3$。就这么，一个埋深浅、丰度高（过 $10\times10^8\mathrm{m}^3/\mathrm{km}^2$）、气质优、效益高的大气田，却在孝泉构造东倾的鼻子上，而且是经过二十年，在 10 多个大圈闭钻了一批超深井、深井后才发现的，同时 4 个气层都是往深部钻探的途中发现的，$\mathrm{J_2s}$ 组气层（1800m）是川 106 井往 4000m 深勘探须四段含气性途中发现的；$\mathrm{J_2q}$ 组气层（2700m）是川 135 井探索须五段（3000m）含气性中发现的；$\mathrm{J_3p}$ 组上组合气层（700m）是川 153 井向深部钻 $\mathrm{J_2s}$ 组（2100m）途中发现的；$\mathrm{J_3sn}$ 组气层（1600m）是川 104 井往深部须四段钻进途中发现的。

上述事例说明，再多的经验、理论，也仅是其中有限的一部分，而未知的地质事件是无穷的，已有的经验、理论可作为对未知地区进行勘探启谛思想的源泉，却不能用去框定未知区的具体油气藏的位置和形体。同时，由于油气分布不均，勘探难度又大，不能因少数钻机不得手而简单下结论。

三、思维方法与成矿预测

　　地质工作者，总是从不多的资料中，对未知区域(或构造)进行成矿预测。但占有大致相同资料的人们，却作出了不同的成矿预测效果，为什么？有理论、经验的差别，但主要是思维方法的差异所致。在我们周围常能见到具有创造性思维的勘探者，总是首先辩证地对待已有理论、经验，把油气成藏环境看成是多因素组合的动平衡系统，系统概况优劣是评价的主要矛盾；另外，未知无穷，已知有限成矿预测一方面对已占有资料进行组合对比，同时给未知地质事件留下更大的空间，用丰富的想象力进行形象思维，将已知和未知联系起来，重视已有资料，又不拘于已有资料的局限性、不完善性，笔者浅悟"油气聚集有规律，又无规律，妙在规律与非规律之间去把握"。"有规律"是油气这个易流动物要形成矿藏，必须具备"源·运·聚·保"四个基本条件，凡具备上述 4 个基本条件的地区只要锲而不舍地工作，总会有回报。所谓"无规律"是从一口井所涉及的具体地质剖面上，是否会遇到工业性气流，是具有偶然性的，是受当下部位微观地质事件所制约的(特别是碳酸盐区和致密裂缝碎屑岩领域)，具有随机性，难预测。20 世纪70 年代末，笔者录井的川西拗陷内玉泉构造两口探井揭示，从 1000~4000m 井段见到数层天然气显示和多套储盖组合，红层、黑层都不例外，再结合区域剖面、地震地质资料，分析川西拗陷成矿大环境后，提出了川西勘探天然气的目的层，应以"须二为主，兼顾须四及侏罗系沙溪庙组(J_2s)、蓬莱镇组(J_3p)"。20 世纪 80 年代末期，经十多口超深井钻探，虽屡见油气显示或井喷，却拿不到产量(丰产不丰收)，在一时军心动摇、投资欲转的情况下，笔者再次阐述了深层未获产的主要原因是勘探思路和工艺技术；而且红层已获 $3\times10^4 \sim 10\times10^4 m^3$ 单产能，阐明"红层井浅，成本低，含气面广，积少成多，前景是乐观的"，并预测"孝泉、合兴场、玉泉三角地区具有形成中小浅气藏的条件"。会议尚未结束，川合 100 井须二射孔，喜获高产，实现了川西深层首次突破，进而在逐渐调整勘探思路(唯实而筹)的情况下，在预计的地区发现了红层气田——新场气田。大量实践告诉我们，很多地区不是缺少油气，而是缺少找油气的思想；很多普查井、勘探井不是没有见到油气流，而是缺少获得产量的工程工艺技术。

Ⅰ-2　天然气勘探中的哲学思维和"首尾归一"模式[*]

符　晓

（中国石化西南油气分公司）

　　天然气具有深埋地下的隐蔽性、聚散易变的流动性、分布地域的不均匀性这三个特点。同时开发天然气需要三把利剑：油气地质理论、哲学思维、配套工艺技术。三把利剑的长短配套状况决定着找气效果。理论可从书本上学，工艺技术也可引进，唯独哲学思维只能靠自身培养，而遵循"实践是检验真理唯一标准"总导向，也许能将理论用好、用活。在此，结合四川盆地 30 年来的勘探实践工作，根据"实践是检验真理唯一标准"的原则，探讨了天然气勘探中的哲学思维和"首尾归一"模式。

一、解放思想，唯物与发现

（一）川西天然气勘探工作 30 年前后的变化

　　1978 年，邓小平提出"解放思想、实事求是"，当时的四川盆地天然气勘探工作成效不显著。钻探川玉 33 井（布在四川盆地绵阳安县玉泉的首口探井，勘探目的层为上三叠统须家河组二段），当时认为有利的含气圈闭是古构造，主要的烃源岩是海相。当时川西前陆盆地约 4×10^4 km² 范围内，除中坝须二段、雷三段气藏投入开发外，在拗陷主体和东坡无一口气井。川玉 33 井钻井效率：半年钻进 3200m。

　　而 30 年后的今天，四川盆地的天然气勘探开发局面发生了质的飞跃。①目的层：川西油气勘探目的层，从 $K_1 j$—P_1 的 6000m 深地质体中，约有 15 个目的层；②圈闭类型多：有古构造圈闭、今构造圈闭、古今复合圈闭及地层岩性等圈闭；③资源：预测川西拗陷共有 $2 \times 10^{12} \sim 3 \times 10^{12}$ m³ 天然气资源量；④探明储量：中国石油、中国石化在川西地区共获天然气探明储量近 1×10^{12} m³，可采储量 $4000 \times 10^8 \sim 5000 \times 10^8$ m³；⑤产能：中国石油、中国石化合计为 200×10^8 m³/a 左右，2008 年九龙山构造的龙××井茅口组，日产气量大于 200×10^4 m³，无阻流量大于 1000×10^4 m³，尤其近期川西拗陷孝泉—丰谷构造上的川科 1 井，在上三叠统马鞍塘组（$T_3 m$）测试获日产 86.8×10^4 m³ 的优质天然气；⑥川西拗陷中浅层气发展快：仅中国石化西南油气分公司（简称分公司）就年产浅层气量达

---

　　* 论文注释：论文于 2010 年 7 月公开发表于《天然气工业》第 30 卷第 7 期。

$22.4 \times 10^8 \mathrm{m}^3$，占分公司总产气量的 80%。

(二)哲学思维在川西拗陷部分气藏发现中的作用

1. "解放思想，唯实而调"与川西拗陷中浅层气层的发现

1)实践发现新层位

四川玉泉 33 井(川玉 33 井)扩大了目的层：1978 年该井在 J_3p 组地层井喷，J_2s 组气侵，T_3x^4 段遇气强喷报废的历史，在解放思想和"实践是检验真理唯一标准"大环境中便提出了川西拗陷勘探目的层"不仅有 T_3x^2，还有 T_3x^4、J_2s、J_3p"，并建议勘探中浅层(红层)天然气[1,2]。原地矿部第十一普查勘探大队(简称十一普)钻了绵字号 8 口浅井，均见气，未获产。

2)"唯实而策"获两发现

"唯实而策"就是指勘探井位目的层时，依据现场实际情况进行调整。

在十一普施工的川孝 104 井、川孝 106 井发现了 J_2s、J_3p 气层。1984 年原地矿部西南石油局部孔钻探须四段气层，川孝 104 井设计钻探 T_3x^4 过程中，于 J_2s 底发生井喷，便提出完井测试建议，经西南石油局同意固井后，环空窜气 $3.4 \times 10^4 \mathrm{m}^3$，首次向绵竹县供气。1985 年在同井场布的 106 井，仍钻探须四段，从录井月报材料上发现 J_2s 有良好气侵，且持续 1 天之久，经查实显示段为砂泥岩互层且有大量次生矿物。笔者当晚连夜编写综合图，送西南石油局建议完井测试，局领导当即同意完井测试，固井后还是环空窜气，日产达 $10 \times 10^4 \mathrm{m}^3$，放喷 30 天之久。由此发现川西"红层"气。

不妨设想，如果现场一线技术负责人员不敏于事、不解放思想提出测试建议，而局领导如果不解放思想，固持非须四段不进行测试的保守思想，就不会有侏罗系红层 104 井、106 井 2 个层的发现。特别是针对 104 井环空窜气，当时存在两种意见：建议封死和进行环空采气，西南石油局首任局长决定采取环空采气措施，通过试采，证实了遂宁组是属于具有工业产能的气层，这是决策者思想解放的生动事例。

3)"砂缝结合"思维运用于川孝 153 井

"砂缝结合"就是指如果在较低孔隙度的砂岩中存在发育的裂缝，便会有较好的产能。

1992 年，十一普施工的川孝 153 井在 J_3p 获高产[3]。该井为钻 J_2s 的中深井，在钻进中，于 $J_3p(713 \sim 721\mathrm{m})$ 井段发现井漏、井涌，生产会议上决定安排打水泥封住。笔者得知这一情况后，立即到井场查实，结果发现漏涌井段为细砂岩且含自生方解石，顿悟：从 1980~1991 年数次提出勘探 J_3p 均未采纳，就是因为产量低(认为平均 $2000\mathrm{m}^3/$井)，不能立项研究，也没有上钻。想要浅层突破，首先想到浅层在什么样地质条件下才可能有高产？经过反复思考，笔者曾在《川西孝泉—青岗嘴 J_3p 浅层气的勘探建议》一文中提到，"在上覆封盖条件下，砂层和裂缝结合部便会获高产"的预测。此井不正是盼望的条件吗？于是当晚一方面请井队缓注钻井液，另一方面则向正在内江开会的西南石油局领导请示完井测试，立即获得同意。第二天到井场组织实施衬管完井，获日产 $2.5 \times 10^4 \mathrm{m}^3$ 的天然气并保持稳产，进而浅层变为"浅而肥"储层。随即地方介入打井，经协调成立了新

场气田开发公司，如此才有今天新场气田浅、中、深的规模开发。因此，如果不解放思想，唯实而决策，就难有今天的新场气田。

4）逻辑推理发现806井千佛岩气藏

新806井原设计方案为钻至中侏罗统沙溪庙组，钻进中发现多层气显示，而气源来自深部，若千佛岩组有砂砾岩储层就会有好的产能，便决定加深钻进，实际仅加深60m就发现了千佛岩组底部高压气层，日产气量超过$30×10^4 m^3$，累计采气量超过$2×10^8 m^3$。该项目获原地矿部找矿一等奖。

2. "解放思想，唯实而调"与川西坳陷须二段气藏的发现

1）"唯实而调"上合兴

1984年经地矿部批准西南石油局部署的梓潼地区川柏102井，在现场勘查井场过程中，认为它属中坝气田东坡小高点，难成大气候，同时通过物勘普查资料发现川西主体坳陷东坡有个合兴场构造[4]，为多组断裂交汇的隆起圈闭，若获成功便可带动川西整体勘探。于是组织十一普工程现场踏勘，选好井场后，再去找西南石油局地质总负责人汇报此情况，负责人看了资料后说"这正是坳中隆的构造"，经查属实同意"缓上柏树嘴，先上合兴场"。技术总负责人当即敢于改变地矿部已批准的井位，上合兴场是"唯实而调，解放思想""不唯上、只唯实"的具体体现。为保证工程质量，特雇美国技术人员，采用电动钻钻井，精心保护储层，1988年射孔须二段获超过$30×10^4 m^3/d$的高产气量，获地矿部在四川省找气的第四次重大突破，并获发现一等奖。

2）"林中看树"发现新场气田须二段天然气

新851井须二段的发现。2000年底新851井在须二段井深4830～4850m段获无阻流量$314.27×10^4 m^3/d$的高产又有什么亮点值得反思呢？可以概括为3点："看整体，找模式和加深探索"。

（1）看整体：在二维构造图上圈闭仅$1.0km^2$、闭合高度60m、深4700m，敢钻探的原因在于看大背景、看整体：须二段在隆高400～600m大背斜上局部构造圈闭。

（2）找模式：在中浅层高丰度背景下从区域形变着手，归纳总结川西地区前陆3个带实况，发现了形变强度与丰度的关系，即形变强度决定含气丰度。

（3）加深探索：地震预测须二段顶面4530m，实钻4635m，主力气层4830m，先后2次加深：①突破60m闭合高度；②钻腰带子(井深4780m)下，遇网状缝系统获高产。

3）新场气田开发三部曲——描述、压裂和丛式

新场气田的立体规模开发采取解放思想，探索创新的思路，即走出三部曲——描述、压裂、丛式。

（1）描述查储层：如何找准河道小砂体。用二维地震资料中描述找准砂体在川西尚属首次，成功率由30%提高到98%。

（2）压裂成片活：在川西坳陷首次对J_2s压裂，从808井到811井2次试压成功。钻井成功率上升至98%，将整个新场气田各砂岩组盘活。

（3）丛式上规模：浅层打丛式井，四川首次成规模采取"丛式+楼式"开发方案，实现低丰度气藏规模建产。

以上三部曲可说是川西中浅层开发的一种有效模式。一言以蔽之,川西致密、次生气藏的发现开发过程是不断突破已有观念与边界的过程[5]。

二、哲学思维与成藏理论

(一)烃气:多源性

几百年来有关油气源这一话题地质界一直争论不休,有"有机"学派,有"无机"论者,也有二者兼而有之的二元论者。国内外许多学者从不同角度、不同方法深入探讨了天然气的成因类型。由于天然气成因的多源性以及成熟作用、运移作用、混合作用等因素的影响,增加了天然气成因分类的难度,出现了众多成因分类方案[6]。

(二)储层:孔缝定

到目前为止,几乎在所有具一定基质孔隙度或裂缝系统发育的岩石中都找到了油气藏(包括泥质岩、火山岩、变质岩)。北美页岩气藏的孔隙度为 $4\%\sim6.5\%$,平均 5.2%,2007 年 24000 口井,年产气 $450\times10^8\,m^3$,其分支水平井分段水力压裂,单井日产气 $11\times10^4\sim17\times10^4\,m^3$(美国俄克拉荷马州 Arkoma 盆地)。储层只有储集体、孔隙度及其规模、丰度大小的区别,工业性储层与非储层是从量变到质变,并与工业技术条件有关,其界限也随技术进步而调整。

(三)盖层:相对性

这一概念是对上下岩层相对渗透性而言的,即相对渗透率低的岩层可以成为相对高渗透率岩层的盖层。从压力角度讲,即油气突破压力高的岩层可成为突破压力相对低的岩层的盖层。页岩气开发实践表明,生烃泥页岩层既是常规气藏的盖层,自身也是储层。

(四)圈闭:开放性

圈闭是由于不渗透或渗透性较差的岩层形成或者由于岩性的侧向发生结构上(密度)的变化所形成的具有三度空间又遮挡又开放的体系。特点表现在:①多种多样,有构造、岩性、地层、断裂等圈闭,有多元混合圈闭;②圈闭具有相对性与暂时性,有的圈闭能封住油,但不能封住气,构造形成的圈闭,又随时间逐渐演变,从非圈闭到有效圈闭到圈闭破坏,而其中的油气也随之演变,或是富集,或是散失。研究资料表明,若圈闭中散失量大于补给量,在地史中很短时间油气藏就被破坏掉。叶军研究认为[7],油气藏若无补给,将在 $20\sim40MPa$ 散失殆尽。因此,所有的油气藏都是一个暂时的、相对的动平衡系统聚集的地质体。而页岩气藏便是集生、储、盖、圈为一体的气藏,它表明四要素组合丰富多彩,如何评价与人们的思维方法有关,思维不同便有可能产生截然不同的结论。

总之,油气藏形成的理论,应遵循实践唯物主义的观点,随着科学的进步,实践的发展，不断补充、调整与完善。陈云同志的十五字精义："不唯书、不唯上、只唯实；研究、比较、反复"，可资借鉴。

三、油气系统工程中两种思维与成效

（一）直线思维

直线思维属于低级、感性的思维，"只见树木，不见森林"的思维，即从局部看是对的，但与总体归属相矛盾。

（二）曲线思维

曲线思维属于高级、理性的思维，列宁说："认识不是直线，而是无限近似螺旋的曲线，而曲线上每一个片段，都能被片面地看成独立而完整的直线，而这条直线能把人们引向'只见树木，不见森林'的泥坑里去"。

（三）油气系统工程的两种思维模式效应探讨

该系统有两个特色：①双隐性，气在地下的动静状况和工程作业与地下岩石的状况都有隐蔽性；②双无性，建井过程中没有中间产品，施工进程没有回头路。

由此便产生了各作业段与全系统最终成果关系，便有直线与曲线、树木与森林的关系，如钻进中的安全与储层保护问题：从安全考虑走直线，用加重钻井液压死、堵死缝洞，则安全，但油气严重污染，若不能压裂，则完井测试无产；又如测试走直线控压不当(为了安全)，造成井底形成天然气水合物(固态冰)，封堵出气口等，误判无产；再如射孔工艺走直线，误用劣质品，根本未打穿套管＋水泥环，结果误判无产等。结果系统不圆满，首尾不归一。

（四）"首尾归一"的环型模式

唯物辩证，"首尾归一"的勘探模式，由于地下天然气的动、静隐蔽性，作业于地下岩石的隐蔽性，作业中常产生两种思维方法，即两种运作线路是站在林中看树木，还是只看独木：①曲线，起始归一，即起始为获得产能，最终回到目的；②直线，图中暂列7个环节，都可能出错，任意一个出错，均不能回到起始点而失败。只见树木，不见森林，则越轨难归一，如图1所示。

（五）如何理解"首尾归一"的环型模式图中的模块

（1）总体思路：各个专业施工方要"为园林育树"，将勘探总目标比喻为树林，一项作业比喻为一株树苗，育树必须符合总体目标。

（2）"首尾归一"：①钻井目标，要有希望的产能，评价；②最终的结果，应达到希望的产能，资料翔实、完整。

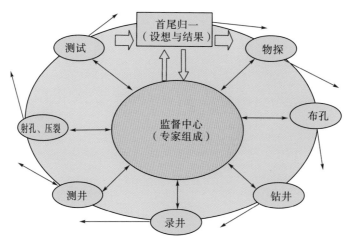

图 1　油气系统工程"首尾归一"模式图

（3）物探："形变"——构造隆起、拗陷、断裂破碎的状况可信度，参数精度。

（4）部孔：成藏模式（思路），具体依据。

（5）钻井：是发现气层、保护气层、建好通道、取全资料的过程。务必做好"储层保护，优化钻井液性能、缩短浸泡时间，确保井眼质量"。

（6）录井：钻时、钻井液、气情、水情、岩性、记录等齐全准确。

（7）测井：通过伽马、电阻、声速、电位、井径等资料，达到准确判断储层和产能。

（8）射孔、压裂：射孔要位置准、密度大、穿透深；压裂要砂量适度、反排率高、缝长无堵。

（9）测试：替喷降压合理，返排控压适度，无结冰无反堵。

一口探井涉及多学科、多环节，加上井内作业的隐蔽性。运作体制与产业特点的统一性，更加重要。

总之，"首尾归一"模式要求：设计方案时钻井目标要明确，完井要达到希望的产能，资料应翔实、完整，未达到钻井目标应进行分析和总结。在图 1 中任何一个环节作业都可能产生直线与曲线两种效果，而只有符合天然气发现、建井、试测的特有规律的曲线方式运行，才能归一，才能圆满。

（六）如何做好"首尾归一"和评估

1. 实施捆绑运行体制

建立作业队伍与最终成果捆绑一体的体制，或叫作业与效益挂钩。

2. 加强监督

对天然气勘探这类"双隐""双无"的产业，能否有效监督事关成败，由谁来监督呢？由主管领导挂帅的各专业系统的专家组成机构实行现场监督。

3. 科学评估

实践唯物评气层，唯物辩证评产量。

（1）资源评估：实践唯物看产能——看实践中是否有气，有超压，有储层，有水等。

唯物地看待实践已获得符合成藏理论的实物和数据（生、储、运、聚、保模式）。如钻井中，有气产出，有超压，有储层，不含水，理应有产，这也可叫以"实践唯物主义"看产能。

（2）唯物辩证看产量——天然气地下动静隐蔽性强，地下作业过程的隐蔽性强（双隐多解）。

唯物辩证地看实践运作：既有符合实情的科学作业，又有不当的作业，也存在技术难度大的一面，同时还存在因现阶段技术局限难以达到的一面。

辩证地分析作业过程与成果的关系：获产的有产能，但不获产的不一定就无产能；有产能是否有产量，它受钻进污染程度，录井测井认识判断准确度，射孔穿透否，测试反堵否等多种因素的制约。既不能在获产时冲动、盲目，也不能在无产时简单下结论，悲观、放弃。既要实事求是，又要辩证思维。

总而言之：气道非常道，哲学有其妙；实践验真理，井口油气笑。

参 考 文 献

[1] 符晓，舒文培. 四川盆地西部天然气资源与勘探开发[M]. 武汉：中国地质大学出版社，2000.

[2] 符晓. 川西三套成藏系统及勘探研究[J]. 西南石油学院学报，2004，26(6)：13-16.

[3] 王金琪. 超致密砂岩含气问题[J]. 石油与天然气地质，1993，14(3)：169-180.

[4] 郭正吾，韩永辉. 四川盆地碎屑岩油气地质图集[M]. 成都：四川科学技术出版社，1995.

[5] 符晓. 理论·经验·思维与成藏预测[A]//世界学术文库[M]. 北京：中国言实出版社，1999.

[6] 戴金星，裴锡古，戚厚发. 中国天然气地质学：卷一[M]. 北京：石油工业出版社，1992.

[7] 叶军. 川西海相天然气勘探难点及对策[J]. 天然气工业，2008，28(2)：17-22.

I-3　浅议油气普查勘探与辩证法*

符　晓

人类寻找油气的漫长岁月，是充满了成功与失败，希望与困惑的矛盾的不断发展与转化的岁月。在普查勘探的旅途中，常常遇到"山重水复疑无路，柳暗花明又一村"的局面，目标的预测与实践结果每每碰到"无心插柳柳成荫"的奇迹。这是为什么？油气地质理论很多，但控油气藏的基本要素不过四种——生、远、聚、保，四素之变，模式无穷，笔者经近四十年实践的碰撞与感受，可概括为：藏无常形，勘勿死规；唯实而策，正奇相济。

一、奇胜与正合揭示了油气藏的复杂性

在川东北雷音铺川 17 井，目的层是二叠系，结果发现了石炭系气田；在川东北阆中石龙场川 30 井，目的层三叠系，结果发现侏罗系大安寨油气田；在川西孝泉 106 井，目的层须四段，结果发现了侏罗系次生气田；在塔北雅克拉地区，目的层是风化面以下 ∈+O，结果发现其上 K·J 油气田；在川西高家场火 3 井，目的层是找气，结果发现须二油田等，这些都是奇迹。

在川西合兴场 100 井目的层须二，结果发现须二气田；在川西平落坝井，目的层须二发现须二气田等，这些都是巧合。

每个地质学家，都有自己的理论，认为哪里能找到油气，就到哪里去打井，就认定某个目标。但因我们实践的局限性，常常将已知其中很少的东西便不自觉地代替了地质事件上的千差万别，永远难认识完的大量的未知世界，结果成了"明白得越多，可能丢得也多"，甚至把实际有油气的地方当成找油气的禁区。历史上在中东科威特布尔甘油田（储量油 $105 \times 10^8 t$，气 $2.03 \times 10^{12} m^3$）发现前，伊朗一批大油气田已采油气 20 多年了，而美、荷、英三家最大的石油公司，却看不起科威特，特别是开发伊朗油田的大公司断定科威特没有油气。又恰是一个对中东石油地质知之甚少的小公司却闯入科威特勘探石油，因为他不知道那有没有油气的"道理"，结果找到了布尔甘特大油田。川西龙门前缘高家场构造，是推复体上盘，高、陡、破的构造，普遍认为，其浅层"保存不好"，结果在须二发现龙门山前缘第一个小油田。

---

* 论文注释：论文于 1991 年 4 月 8 日参加四川石油学会遂宁会议作会议论文宣读。

二、在找油气过程中谨慎使用"肯定与否定"语言

在我们找油气的实践中，常常存在着承认与否定的同步现象：

当我们找到某种特定条件下的油气藏时，就易忽视其他类型的油气藏；当我们注意到有机成藏的理论、模式时，就忽视深源无机成藏的理论模式；当我们在沉积岩体系找到油气时，就忽视或放弃在火成岩、变质岩中找到油气的可能性；当我们在深部发现油气藏后，就易忽视浅层油气藏的勘探；当我们在加里东期或印支期古构造找到油气藏后，就否定或放弃燕山期或喜马拉雅期形成构造中的油气藏；当我们在对一个地区评价中，主要矛盾是破坏时，就忽略寻找其间尚有未全遭破坏虽小而肥的圈闭；当我们认识到生物圈 C 和它的化合物循环规律时，就不去研究地幔与大气中更大范围内 C 和它的化合物循环规律。总之，由于认识受控于客体揭示程度，常常顾此失彼，认甲否乙，这几乎带有普遍性，决策者若一旦疏忽或染上以点代面的毛病，轻则影响一批油气田的及早发现，重则影响一个国家、一个时期的油气普查勘探进展。美国 20 世纪 20 年代有个名为戴维·怀特的总地质师，算是当时精通石油地质学的权威，而他当时做了美国油气产量（年产 5600×10^4 t）高峰很快就会过去的悲观估计，大多数地质学家都同意他的意见，结果影响了美国石油工业一个时期的进展。后来的事实是，1990 年美国年产石油 3.61×10^8 t，储量 35.76×10^8 t，证明他犯了认识到顶、以偏概全的错误。再如仅按唯有有机才能成藏的观点，世界油气将很快（100 年左右）枯竭（现全球探明储量 1364×10^8 t，年产量 30×10^8 t，约 45 年采完），若注意与承认无机也能成藏（已有大量事实），则人类将充满希望与信心，地幔是人类能源的"供给库"，油气资源将是一个开放的天文数字，找油气的战略方针的技术也将与时俱进发生重大的变革。

三、油气地质理论发展的巨大空间

究竟应该怎样对待当今人类从不同角度，总结、归纳出的万千条石油天然气地质理论呢？理论是宝贵的，是实践中得出的科学结晶，应该学习与研究，但它们又都是在特定地质条件下的因果关系，地质学与物理学、数学、化学相比，后者的方程、公式、定理可全世界通用，千秋万代不变，而前者有其独自的特点。地质事件的随机性及亿万无穷的变迁，从地球诞生之日起，直至灭亡，它都处于永恒的运动变化之中，同一地点经历中沧海桑田的变迁，不同地点又有其各自的发生、发展、转化的历史，有别于固体矿床的油气，源是多头的，流动性强，易聚、易散，运动转化又受控于地质环境事件，油气藏始终处于一对聚集与散失的矛盾中，当聚集大于散失的地质事件发生时，是成藏期，反之则为破坏期。地壳中的所有油气藏，都处于与其地质环境保持动平衡运动过程中，具有相对性与暂时性。

油气地质学是否成为玄学呢？不。查阅中外油气田的剖面结构（包括前面谈到的奇胜

中的油气田)均有几处具有共性的地方,可说是万变不离其宗,即"聚集的通道,具有一定孔渗的储集体,良好的封盖条件"。这是由油气的物理化学性质所决定的。简言之,"上有仓库,下有来路"。无论是什么岩体,在不同条件下都可成为储层,也可作盖层,因条件不同,矛盾可以互相转化,但必须与下部或左右相沟通。聚集(或补给)的通道是矛盾的主要方面,世界特大油气区(田)、中东、墨西哥湾西伯利亚油气田,恰恰都集中在几个大陆板块离散部位,板内大裂谷、深断裂。只要它在经历了陆隆(尤其莫霍面上隆)拉张、断陷、沉积、萎缩(或者后期回返褶皱上升不太强烈)的地质事件系统中,都是寻找油气田的目标,这大概便是地球上几乎所有的沉积盆地都有或已找到油气田的原因。实践初步表明,地壳开口(基底)的大小和上覆封盖严密度的配置关系与油气田的大小几乎是正变函数,国外是这样,中国东部郯庐断裂带上一系列油气田,塔北油气区等亦和此相同。它在宏观上双层构造层结构的剖面特征十分清楚。下部是断、隆、褶、剥五花八门的结构,其上有千米乃至数千米泥质、膏盐,且变形较小的封盖体系,油气藏多集中于两构造层结合部是跨越两构造层的带,其上延高度,决定断裂上延部位。据统计,我国大陆上 15 个中型气田(储量大于 $100 \times 10^8 m^3$),11 个靠断裂运移,4 个靠不整合面运移,而断裂中上部及末梢岩石虽未破裂,但已进入"扩容阶段",其孔渗变好,便是聚油气的有利部位。其一,由于下构造层隆、断、褶、剥形成各式储集体系及良好输导,随后下降深埋;其二,上构造层下部沉积了一套粗结构岩系,储渗性好;其三,上层构造层中有一套沉积物既细,变形又小的封盖体系。塔北从雅克拉到阿克库木地区的一批高产油气田,便是这类模式。这种隆、褶、断、陷、沉、稳的地质发展史与烃类的生运聚保恰是一个天然的配合,世界性大油气田(区)多属此类模式。而油气藏的形态,并非单一的层状,楼台、树丛等立体三维形态常常出现于剖面中,现代工业标准化、规格化思想体系,不完全适用于对地质学的认识与变革。在一个有利含油气区的体系中,具体油气藏的形态是变化无穷的,寻找什么样的油气藏,在什么部位等,往往具有偶然性,但总体是必然的。在这样的地区寻找油气,战略上是乐观的,但战术上要稳妥,不可一孔之得过分乐观,也不可一孔之失而悲观。任何油气田(区)的发现都是曲折、波浪式前进的,川西新场大气田就经历了 6 年的断续发现过程。油气分布的不均匀性是普遍现象,全球不均匀,一个含油气区有肥有瘦,一个构造有高产井、低产井,乃至干井、水井,无奇为怪。大量勘探开发实践表明:一个构造的储量可以集中于几口井控制下,四川功勋气井——自 2 井,初期日产 $189 \times 10^4 m^3$,从 60 年至今近四十年已累计采气 $40 \times 10^8 \sim$ $50 \times 10^8 m^3$;川西中坝气田,是储量丰度很高的气田,开采二十年后的 1990 年,在 $T_3 x^2$ 下还钻获两口无阻流量超百万立方米的气井,但工业气井的成功率仅 55%;平落坝气田预测也属上百亿储量的高丰度气田,勘探成功率也只 60%。分析导致产能不均匀的地质因素有二:一是地应力作用关系,断裂、裂缝、隆褶等分布受一定应力场支配,不可能千篇一律;二是大量实践证明在 2000m 深以下,所有的储集空间皆以各类次生孔隙为主,而次生孔隙发育程度除受岩性影响外,与古水动力活动渗流强度有直接关系,形成不均质性。油气总是在地应力,孔隙压力、重力等作用下,沿着各类通道流向低压势区的储集体系中,孔、渗性不均,必然导致产能有高有低,地表水有溪、河、江、湖、海,地下流体也有径流、支流、微脉管,大油区、小油田、微气藏等,中东地区便是地球烃能源的"心脏",那里有巨大的"血库"与干流,1990 年统计探明油储量达 905.1883×10^8 t,占世界 66.3%,寻找富集区,追踪地壳"动脉"管系及"血库",乃是地质家的首要目标。

　　"道可道,非常道""常有欲以观其微,常无欲以观其妙"。万千变化的随机地质事件孕育出油气藏的千姿百态,有效地普查与勘探,大多走着一条"理论·经验·辩证思维"之道。

Ⅰ-4 油气勘探应勘勿死规[*]

符 晓

　　兔子奔跑却失蹄撞树而死的概率是很低的，而守株人却将概率很低的偶然事件误认为必然，故守株，多失望。

　　在油气普查勘探中，把某一地区首次发现油气藏的层位，视为唯一目标的事情也时常发生。在部署、设计、勘探中，言必既定"目标"，在实施中，即便遇到油气流或很好的储层，但因不是设计目的层，或视而不见，或没有物资、组织准备，机遇到、弓未张、鸟远飞。尤其在以裂缝性油气藏领域找油气中，因上述原因失去或推迟了不少油气藏的获得。

　　大量实际资料表明，任何含油气盆地，在纵向上都有若干个油气藏，在平面上都有不同类型的圈闭，第一次发现，仅是其一，且不一定是最好的。如塔北沙参 2 井，在古风化面以下发现高产油气流，尔后勘探表明，其上的侏罗系、白垩系油气藏更好。

　　地质设计与其他工程设计相比，不确定因素更多，特别是非常规领域找气，裂缝随机性大，气的流动性大，如何做到不失去每个获取油气的机会呢？一言以蔽之："藏无常型，勘勿死规，唯实而策，乃为上法"。

* 论文注释：论文于 1992 年 12 月 16 日公开发表于《地质矿产报》——地苑漫笔。

第二篇　资源潜力理论探讨

II-1　探索无机成因油气藏的地质条件兼论四川盆地西部找油气方向 [*]

符　晓

（地质矿产部西南石油局第十一普查勘探大队）

近几十年来，由于超深钻探在 11.6km 深度的结晶基岩中，发现了沥青包裹体和高浓度氢、烃、氮和氦的盐水流；在洋底的深断裂中有大量烃类气体和氢氧排出；碳质球粒陨石高达 40%；世界油气田多沿深断裂、裂谷、火山带或地幔隆起上覆沉积体分布等等，使油气无机成因学说再度在苏、美等国的学者中活跃起来。有关石油地质基础理论的这一争论，既是一个理论问题，又是一个与勘探实践密切相关的问题，不同成因理论对制定油气普查勘探方针和方法具有较大影响。笔者从深源无机成油气理论出发，试图探讨无机成因油气藏形成的地质条件及四川盆地西部找油气的方向，以供同行讨论。笔者深信"百家争鸣"是发展科学的必由之路。

一、断裂发育的基底结构与上覆储、保岩体的有机配合是寻找油气藏的有利地区

苏联著名的西西伯利亚含油气省，其基底结构为北极—大西洋断裂体系东部边缘部分，呈南北向狭长地堑断裂体系，拉张断裂发育，三叠纪有大量似玄武岩喷溢，中新生代由于稳定拉张沉降，导致上地幔大量烃、氢气液相物质向上喷溢，储集体为侏罗系—白垩系海陆交互相层系，二者面积分别超过 $150×10^4 km^2$、$170×10^4 km^2$，其上为一套完整广布的新生代地层，形成一个巨大、完整的运、储、保体系（图1）。

阿拉伯的加瓦尔油田，为南北延伸、深大断裂控制的长垣，油田长约 250km，宽 30km，储层为中上侏罗统灰岩与膏盐互层，其储量达八十多亿吨。科威特的布尔干油田亦为南北延伸，油田受基底断裂和膏盐构造的控制。该两大油田均处于大陆架稳定沉降带，深大断裂较为发育，其油源同样可能来自上地幔。

我国大庆油田，其莫霍面等值线图表明为地幔上隆，在拉张体系下稳定沉降沉积的一个完整的运、储、保体系。油田位于南北向隆起带上，其底部为同一走向延伸近千公

---

* 论文注释：论文于 1987 年 9 月公开发表于《石油实验地质》第 9 卷第 3 期，1999 年 10 月载入《跨世纪的中国石油天然气产业》，2000 年 10 月载入《中国科教兴国战略文库》，2003 年 1 月荣获"国际优秀论文奖"。

里的经向张性深断裂。油田南北长约120km，宽约30km，储、保岩系为侏罗系、白垩系和第三系(图2)。

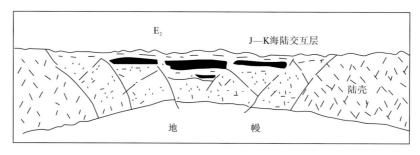

图1　西西伯利亚含油气区基底结构示意图

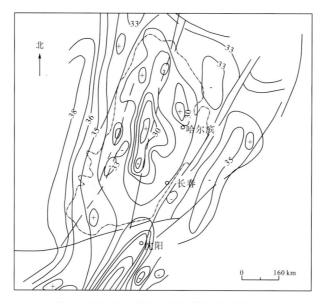

图2　松辽盆地莫霍面等深线与断裂关系图

华北渤海盆地属主动大陆边缘结构体系，燕山运动以来多次断块运动，使古代刚性地质体产生众多的基底断裂，并伴随强烈的火山喷发及岩浆侵入，断裂为地幔物质上涌的通道，其上有规模不等的翘倾盆地，并沉积了一套储、保岩系。钻探表明从结晶基岩到不整合面，从中生代到新生代地层中均发现工业油气藏(图3、图4)。长江以南的苏、浙、闽、皖地区，长期处于整体上升断褶阶段，不具备对烃类流体大规模矿藏的聚、保条件。

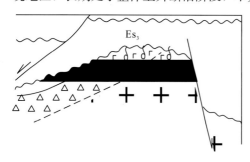

图3　辽河兴隆台古潜山油藏图

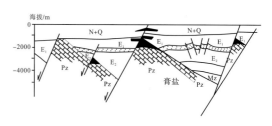

图4　渤海盆地剖面示意图

近期发现的新疆塔北沙雅油气藏,位于区域性深断裂带与下古生界不整合面结合部位,产层为下古生代古风化带上的角砾白云岩、泥质粉晶白云岩及凝灰岩,裂缝、溶洞发育,有的井钻进中放空达一米以上,盖层为未变形的中新生代地层,厚度4000～5000m,夹多层青泥质岩层,具有良好的储、保条件(图5)。

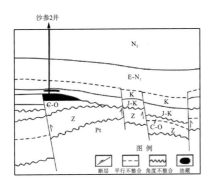

图 5　沙雅油气藏剖面示意图

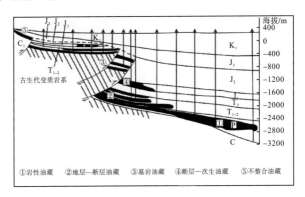

①岩性油藏　②地层—断层油藏　③基岩油藏　④断层—次生油藏　⑤不整合油藏

图 6　克拉玛依油气藏剖面示意图

克拉玛依油田为逆掩断裂推覆体前缘油气田。油气聚集在有断裂相通的基岩(变质岩)和侏罗系中,白垩系为良好盖层(图6)。

四川盆地几个较大气田,如卧龙河、福成寨气田,均位于元古代基底断裂控制的圈闭内。中坝气田为龙门山推覆体前缘保存较好的背斜气田,须家河组二段、雷口坡组三段为油气储集层,侏罗系为良好盖层(图7、图8)。

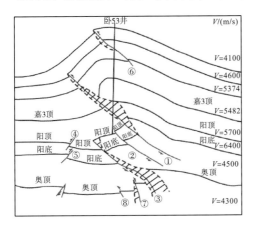

图 7　卧龙河气藏剖面示意图

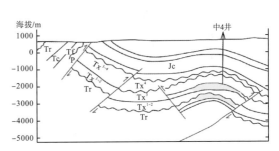

图 8　中坝气田剖面示意图
(据四川石油局地调处)

上述事例说明,世界各大油气田总是以各种方式,与隐伏的深大断裂或基底断裂相沟通,断裂和油气总是同时出现在一个剖面上。因此,被动大陆边缘盆地、板块俯冲的主动边缘弧后盆地以及推覆、褶断所形成的圈闭中,都是聚集、保存深部上涌烃类流体的有利地区。从油气分布的特征分析,在纵向上具有楼台式、树丛状等立体形态,在平面上沿隐伏断裂、裂谷或褶断或火山喷溢带出现呈带、呈片展布,而其规模则常受断裂的纵深展布、张开程度以及储、保岩系的展布空间的控制,显然是具有深源无机成因特征。

二、"深源流体"形成油气藏的基本条件及模式

上地幔液相－气相物质上涌聚集成工业油气藏,需具备三个基本地质条件:

(1)上地幔流体上涌的良好通道为拉张断裂系的裂谷、深大断裂带成火山喷溢裂隙系等,也是形成大油气田的有利地区。

(2)沿裂隙通道两侧末梢有储集烃类流体的空间场所、裂隙系统的微网络与岩体的孔隙、溶孔、粒间孔或晶间孔相沟通,即可构成良好的储集体,储集层可以是沉积岩,也可以是火成岩或变质岩。

(3)储集体系必须具备一定的密封程度,其密闭方式可以是渗透性相对较低的各类岩系,也可以是因不渗透岩层形变所形成的遮挡面或者叫圈闭,总而言之,要"下有来路,上有仓库"。

按上述基本地质条件,参照地幔脱气作用的大量烃源上涌,其形成的各类油气藏模式如图9所示。

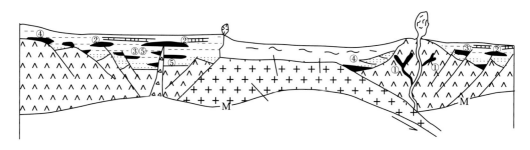

图 9　地幔脱气作用与油气藏模式示意图

①火成岩结晶基岩的裂缝性树丛状油气藏;②与深大断裂联通的背斜油气藏;③同生断层油气藏;
④与深大断裂联通的不整合油气藏;⑤与活火山作用有关的油气藏

从模式图中可以认为:陆隆拉张下沉与沉积堆积互为因果关系,而烃类形成的运、聚、保基本地质条件与沉降、沉积密切相关。世界油气田之所以主要发现于沉积盆地,主要是沉积地层具备良好的聚集、保存烃类流体条件;在油气田中发现有卟啉、族等有机标志化合物,可以理解为深部上涌烃类化合物在沿着沉积地层的运移过程中,由于生物、化学作用而俘获或改造的产物,当然,也不排斥沉积地层中的有机物能生成一定数量的烃类。

三、川西隐伏断裂、裂缝发育的良好地带为寻找烃类资源的主要方向

根据地幔脱气作用与烃类成藏模式的关系,地幔脱气作用提供了充足的烃源,还必须有与之相匹配的运、聚、保的基本地质条件。四川盆地西部较之其他地区则具有较为

优异的地质条件，龙门山深断裂带、成都—龙泉山断裂带、峨眉山断裂带和其他隐伏基底断裂，不仅控制了盆地的沉降、沉积，而且深切基底并与地幔联通，为深源烃提供了良好通道。从川西卫照构造图可知，境内隐伏展布的裂缝网格系统较为发育，一组为斜交的北东与北西向断裂组系，计有七跃山、华山、龙门山断裂系7~9条，其分布密度为每25~45km 间距中见有一斜交断裂发育；另一组为近南北与东西向正交断裂组系，已见有6~7条，40~60km 间距发育一条。这些断裂组系同样为深源烃类上涌的聚散通道。此外在川西地区还广泛发育有各种构造缝、风化缝和成岩缝，它常与深大断裂组系沟通，其形成与展布受控于断裂组系，为区内富集通道和良好的储集场所。这些裂缝是特定地质条件的产物，根据地应力释放机制原理，其长度、宽度、间距和断距的函数关系，已逐步从定性向半定量和定量方向发展，这对寻找油气资源和评价具有重要意义。

龙泉山断裂为近南北向深断裂，南自峨眉经安县、江油穿秦岭，过银川抵达阴山山脉，也称银川—成都断裂，长约1200km，在秦岭段受干扰而"隐化"。整个断裂带由3~5条不同强度的断裂组成，宽25~40km，少数钻井、物探初步资料揭示，断裂形成于东吴运动或更早，以拉张为主，下切至上地幔，在二叠系中钻遇玄武岩。纵向位移不大，产状近于直立，后期四川运动与其基本符合，具压性结构面，褶断发育，断层产状平缓，20°~40°，向东倾为主。川西金堂县以南地区，主断裂出露地表，封闭性欠佳，"金堂县至安县一带，晚期褶断强度减小，盖层基本未破坏，具有保存油气的条件，因此这个长约80km，宽30km略呈向东凸的弧形带，是寻找油气有利地带"。川36井（安县断块上）在须家河组二、三段已发现近千米氧化的油砂岩，玉泉构造川33井，从 J_3p 至 T_3x^4 有良好的气喷显示，在罗江地区各钻井中见有天然气和盐水，具有较大前景。

龙门山断褶带，北东50°方向延伸，南起康定，向北穿切秦岭与太行山系相接，长约2000km 以上，宽30~50km。川西地区为地台、地槽结合部，构造活动次数多、强度大，在地台一侧的前缘地带属叠瓦式推覆构造，油气保存条件较好，为寻找油气的有利地带。彭县至白水河地区有三个较大的构造滑脱面（图10）。一是以二、三叠系的碳酸盐岩或杂岩的滑脱面，以平卧方式覆于须家河组至蓬莱镇组之上，因长期风化剥蚀，已呈飞来峰散布各山头；二是须家河下组与须二或雷口坡组之间的滑动面，使其上的须家河组三、四段强烈褶断，滑脱面以下地层虽抬高数千米，而展布较为平缓；三是深部断裂、滑脱面倾角较陡，抬升幅度大。第二、三两个断裂滑动面间的块体，应属找油气的主要对象，中坝气田应属该块区前缘。

基底断裂发育带，为大邑—罗江—南江基底断裂带，已发现的构造高点有河兴场、丰谷镇、老关庙、九龙山等，这些高点的形成皆与北西或南北不同级别的断裂交汇有关，预测九龙山、河兴场、丰谷镇构造具有强度大、输导条件好特点，亦具较大远景。

裂缝发育区块为油气聚集有利地带，如峨眉—洪雅地区，在地隆背景上，除有一组北西向深断裂外，还有两组南北向及北西向基底断裂纵横交错，构造缝、风化缝、成岩缝较为发育，在峨眉以北地区，侏罗－白垩系发育，具有遮挡油气的条件，亦具较大前景。

在大气圈、岩石圈中存有大量的、过剩的 C 元素及其化合物，但并未注意到其来源和循环关系；在找油找气实践中，曾千百次见到油气藏与断裂共生伴存相互制约关系，但也未引起油气地质工作者的重视和探索。科学的生命在于随着实践的发展而创新，研究新情况，提出新理论，探索新路子，解决新问题，石油地质科学和石油普查勘探也应遵循这一途径，进行更多的探索和思考。

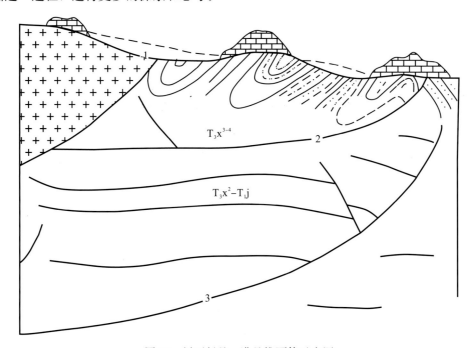

图 10　川西彭县—灌县推覆体示意图

Ⅱ-2　开展"深源"成油气藏的研究[*]

符　晓

（地质矿产部第十一普查勘探大队）

针对"无机成油说"近几年在某些国家的重新崛起，作者在充分研究国际有关文献的基础上，结合我国含油气盆地的某些控制因素与地质事实，为我国石油普查勘探方向提出了某些建设性意见。

在国际 27 届石油地质会上，苏联科学院地质研究所发表题为《地球脱气作用的构造控制和烃类成因》、美国科尔涅耳大学放射性地球物理学和宇宙研究中心发表题为《对地球甲烷和其它烃类非生物成因理论的贡献》的文章，这两篇文章较为系统地阐述了无机成油气论。个人粗浅领会，文章从三个方面叙述了这一观点：

（1）已知世界大型油气田的分布总是沿着基底破裂有关的深断裂带、裂谷、地堑、火山或泥火山分布和断裂附近的隆起沉积盖层中（图 1）。文章列举了苏联西西伯利亚特大含油气省，这个年产 $3.9×10^8$ t 油、$3.7×10^{11}$ m³ 气的侏罗、白垩系地层，是上覆在侏罗系以前狭长形地堑断块之上。顿涅茨第聂泊裂谷盆地的油气田则呈珠状排列在断裂带上，爪哇和苏门答腊含油气区与火山带及中深地震带平行分布等等。

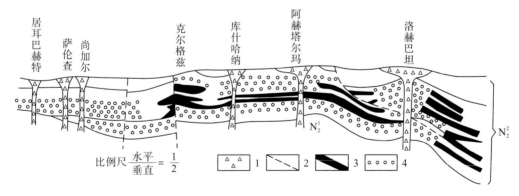

图 1　通过阿普歇伦半岛西南部泥火的地质剖面图

1. 泥火山角砾岩；2. 断层；3. 油藏；4. 气藏

（2）在结晶基岩的超深钻探中获得了石油沥青物质。资料指出在伏尔加—乌拉尔油气区的鞑靼隆起上的两口井中，从基底面到 2~3km 深的前寒武纪花岗岩和变质岩中发现了轻的油质沥青和烃气，在科拉半岛已钻 11.6km 深度的结晶基岩中，发现了沥青包裹体

---

* 论文注释：论文于 1988 年 6 月公开发表于《石油实验地质》第 10 卷第 2 期。

和含有高浓度氢、烃、氮和氦的盐水流。

（3）地球化学、宇宙化学研究指出"地幔的液相－气相是氢和烃的巨大储存库"，专题研究还指出"地球的组成物质是碳质球粒陨石（40％）、普通球粒陨石（45％）和铁质陨石（15％）的混合物，而形成地幔的星云凝聚物其成分类似于碳质球粒陨石，富含挥发性物，其中包括石油和石蜡型碳氢化合物"。又如石油中碳同位素组成范围（$\delta^{13}C$ 值为$-33‰\sim-23‰$），几乎恰恰相当于火成岩，以及变质岩沥青和月球岩石中分散碳的同位素，在石油沥青中钒与镍的含量较高，并且比例稳定。卟啉与旋光性化合物的混合物和分子中奇数碳原子优势，主要发现在变化大的石油中，可能是由于石油与植物成因的分散有机物相互作用的结果。至于地幔脱气作用为何形成各类石油、煤及天然气，在文章中有较详细的叙述。

对于这个理论，也许有人说，无机成油说是几十年前的老调，不足为奇。但必须指出，当今这个理论在不同国家之所以重新活跃起来，是伴随着生产的实践，科学的进步而反映出来的客观事实，不是简单的老调重弹。如果我们站在无机成油气藏的观点上，解释我国一些油气田的基本控制因素，也是有道理的。查看华北、松辽盆地与莫霍面关系等值线图表明（图2）。大庆油田正位于莫霍面呈南北隆起上，而隆起正中有一条南北延伸长近千公里的经向张性断裂，其上有埋藏浅，有利于捕获深源烃类流体的储盖沉积体系；华北盆地从晚侏罗世开始由于太平洋板块向亚洲大陆的强烈俯冲挤压，伴随隆起产生了一系列断块和岩浆活动，为深源流体上移创造了良好通道，尔后板块转动拉张形成的箕状断陷盆地沉积了一套适合储集、保存油气的沉积体。另外，克拉玛依油田，其油气藏沿着几条逆断层或犁式断层和不整合面与基岩变质岩系分布，其上有 K_1、J_3 平缓的盖层遮挡（图3）。

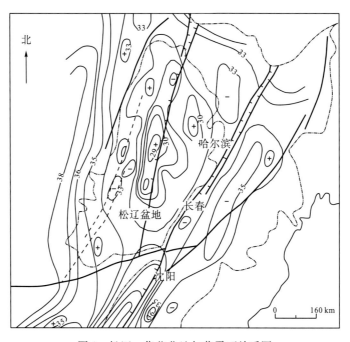

图2　松辽、华北盆地与莫霍面关系图

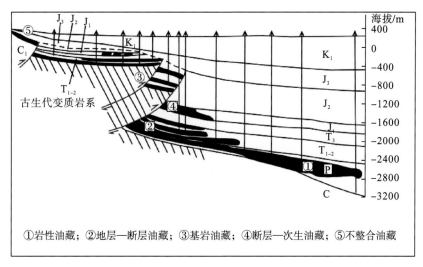

①岩性油藏；②地层—断层油藏；③基岩油藏；④断层—次生油藏；⑤不整合油藏

图 3　克拉玛依油田油气藏序列

塔北沙雅隆起油气藏的控制因素，在 T_5^0 及其以下有轮台等数条大断裂，长几百至几千公里，深达地幔，而覆盖在不整合面之上的是侏罗系到第三系一套未变形的膏泥质岩系，为保存风化壳上下储集的油气创造了良好条件（图4）。四川的卧龙河、福成寨、中坝等气田，在深部皆有断裂与储层连通（图5、图6），"一条裂缝一个矿"是四川几十年钻探的客观事实，从深源成油气观点看，就更有重要意义了。上述事例与插图大致可概括成三条：一是有沟通地幔的各类通道；二是沿其通道两侧或顶部有富集油气的储集空间；三是其上有一套厚度适中或岩石形变所形成的密闭岩体。可进一步形象概括为"下有来路，上有仓库"八个字，油气藏呈楼台式、树枝状等纵向立体分布为主。当然这种概括太简单化，但它表明了基本的观点。一种新的理论出现，一项新的生产工具的产生，将能以加倍的速度推动生产的发展，推动社会的前进。读完这些文章，再展望一下中外油气田与各类断裂的伴生关系，笔者预感随着无机学说的推广，将导致石油天然气普查勘探中的一场革命，人们将以崭新的战略方针开展石油天然气的普查勘探，将大大提高勘探的成功率。

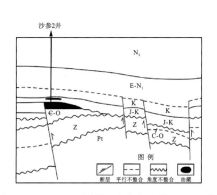

图 4　TB-80-320 测线（过沙参 2 井—亚 2 井）

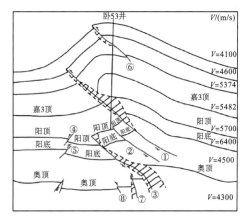

图 5　卧河背斜 D336.5 剖面
（据四川石油管理局地调处）

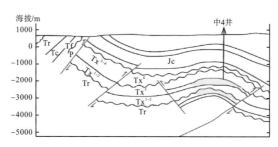

图 6　中坝潜伏构造 X-477-491 测线横剖面

（据四川石油管理局地调处）

基于上述事实，笔者建议：

（1）是否可组织一部分科研、教学力量，开展关于无机成油气说的可靠性、科学性的研究，按无机成油藏的观点，建立假说及油气藏模式并阐明油气藏控制因素。

（2）在全国范围内选择最能代表无机成油气说的地质条件地区，进行试验性的实钻。

（3）在此同时和国外有关无机学说研究机构、学者进行学术交流，或实地考察。

以上建议，目的在于为我国石油普查勘探摸索新的理论和新的勘探之路。

Ⅱ-3 论川西浅层资源总量与勘探开发战略[*]

符 晓

（新场气田开发有限责任公司）

天然气由于具有资源丰富、就地利用、利于环保这三大优点，世界产油王国阿拉伯一家杂志近期宣布："世界已进入天然气时代"。国内外有远见的地区和企业家纷纷向天然气产业投资。然而实践表明，找深层气是一项投资大、风险高、周期长的产业，只能靠少数资金技术雄厚的企业承担。因此，其发展速度远不能满足社会经济发展的需要，而埋深浅于1500m的天然气，比深层气投资小、风险低、见效快，是近年来国内外找气的热门领域。

一、浅层气的勘探开发状态

据统计，苏联10048个油气藏中，深度小于1000m的占24.2%，1000～2000m占42.5%，埋深大于3000m仅占其9.8%。天然气储量井深小于1200m的储量 $18.9\times10^{12}m^3$，占全苏储量55.0%。在东欧地台东部有50%的油气分布在1000～2000m。

近年来，我国东部打出一批高产层浅层气井，松南2井初产 $70\times10^4m^3$（井深600m左右）；江汉盆地潜江潭32井日产气 $13.88\times10^4m^3$（井深620～625m）；南阳盆地稠油区打出日产 $13.3\times10^4m^3$ 气的高产井；华北洛阳拗陷发现14个浅气藏，气田平均日产 $1.0\times10^4m^3$ 左右。同时也出现了一批储量上百亿米方米的气田，如松南后五家户气田、华北洛阳浅气田、黄骅浅气田、辽河拗陷浅气田等；台南陆内前缘冷盆浅气田探明储量达 $198.9\times10^8m^3$。

四川石油天然气总公司，几年来在川内共打井深小于1500m的井291口，平均每口探明储量区 $1.47\times10^8m^3$，钻井成功率达68.4%。

川西新场地区近两年来共打浅井30多口，单井日产 $0.2\times10^4\sim8.0\times10^4m^3$，平均输气量在 $1.6\times10^4m^3/d$ 以上，成功率90%（平均井深在1000m内）。

上述资料表明：

(1)烃类资源由于具有强烈的流动性，在深部形成烃类，在压力驱使下，大规模地进行垂向运移，在近地表，储层物性优于深部。已有资料统计全球约50%的油气资源埋深

---

* 论文注释：论文于1998年公开发表于《致密岩石气藏勘探开发》第3期。

小于2000m，这就从宏观上指明了我们找油气的方向。

（2）由于过去我国长期重油轻气，特别是浅层气，仅最近几年时间发现了诸多浅层高产井及一批储量过百亿立方米的大型气田，表明我国这个新构造频繁的大陆具有形成浅层气的大地构造条件。浅层赋存有丰富的天然气资源。

（3）四川盆地地处中国东部地台与西部地槽型两大构造单元结合部，沉积有近万米的沉积岩系，烃类资源丰富，过去在中深层及其以下的裂缝性领域找到占全国近二分之一的天然气储量和产能。在其浅部，储层近乎常规领域，也将找到数量可观的浅层气资源，这已被初步勘探所证实，因此四川浅层气勘探大有作为。

二、浅层气的成藏控制因素讨论

据苏联统计，在1000m内的油气藏中，有33.5％赋存在活动带盆地，由于其沉积盖层的强烈断错并达深部，创造了深部大量烃类垂直上移的条件。"七五"科研课题，对我国东部浅层气成藏控制因素，从气源砂泥层储盖层、下生上储、晚期成藏等特点出发，提出成藏控制因素为"盆地（地区）晚期的构造活动，断裂的发育，分布及活动特点"，即：

（1）生气凹陷（或生气单元）控制着浅层气藏分布范围。

（2）继承性的晚期活动断裂1～2级控制浅层气成带分布（深部气沿断裂垂直上移），3～4级断裂控制浅层气的层位、深度与部位。

（3）区域性盖层发育程度制约着浅层区域性分布。

总体看，沉积盆地晚期构造活动状况，制约着浅层气的分布，四川盆地具有此条件，所以全盆地已发现众多浅气藏。而川西是盆地内整体抬升，受西部活动带波及最明显的地区，而地下又发育有全川之冠的煤系地层。浅层储、盖相对发育，是一个具有大面积形成浅气藏地区，1991年笔者在《川西孝泉—青岗咀地区 J_3p 气藏成藏地质因素与勘探初议》一文中提出浅层气控制因素三条，是基本符合近期勘探实践所证实的：

（1）现今构造断褶隆起带，控制着浅层气藏的聚集。

（2）浅层砂体发育程度（在圈闭内）控制着气藏的产能与丰度。

（3）在上覆封盖条件下，浅层裂缝（或小断裂）与砂层交汇外，为高产有利部位。这些条件，在川西是具备的，具体内容如下。

A. 四川运动以前的多期构造旋回中，川西一直为负向盆地，发育了巨厚（上万米）的烃源岩、储层与盖层。

a. 在现今埋深约3000m以下发育数千米碎屑岩煤系地层和海相碳酸盐岩，由于埋深导致烃类的不断裂解生成气态烃类，保证了整个地史中烃源的补给。

b. 在近地表有500～1000m的泥质岩，分布稳定，特别是 J_3p 组上部200～300m较纯泥岩，为区域性的盖层。

c. 在 J_3p 组中上部和下部发育有多套粉-细砂岩，一般有8～10层，单层厚4～16m，累计厚100～200m，为深部烃气上移聚集提供了储集空间。

B. 有利的区域构造发展史和现今构造状况。

a. 喜马拉雅期以来的持续整体抬升和相应的断裂活动，一方面使原深埋的油气藏（或水溶气）因抬升、降压脱出，并在地压力驱动下，强烈上移；另一方面由于众多的各级断裂、裂缝的形成，为游离气上移创造了良好通道。

b. 强度适度的现今构造格局，有利于垂直上移的游离气体在浅层聚集于保存。天然气的运移、聚集、散失或保存，都是一个相对动态平衡过程，无破则无动；无散则无聚，在那些构造活动十分强烈，开启为主的地带（如龙门山、龙泉山主体带）深部上运的气体全部或大部分散失于大气中，而那些构造活动十分微弱，裂缝不发育地带，深部烃类流体只能以微弱的扩散方式上移，在浅层难聚集成工业气藏，而川西地区有近 $1 \times 10^4 \ km^2$ 的地区，处于断裂活动适度，浅层圈闭发育，盖层基本未破坏。因此，浅层气的分布是大面积的，这已被全区范围内的深井钻探所揭示。

三、川西浅层气资源的匡算和气藏规模预测

川西地区，基本上完成地震普查，主体构造带完成地震详查，也进行了全区范围的普查钻探，并解剖了新场浅气藏，发现了一批浅层气井，可以用类比方法预测有关参数，用以容积法进行"预测储量"级别的匡算，为四川战略部署参考。

1. "预测储量"匡算的几条基本概念或指标

（1）工业气藏的标准：井深 1500m 内，日输气 3000m³，1000m 内日输气 1500m³。

（2）地层压力系数：浅层增压机理是烃类灌入所致，因此它是代表地层聚气并有一定浓度产能的指标，凡地层原始压力系数大于 1.0 的含气砂体，为可勘探气藏（川西南的大兴西及平乐坝两气田沙溪庙组九口工业气井，压力系数在 1.14～1.26，孔隙度仅 5%～8%，井深 2000m）。

（3）300～1500m 井段泥质粉砂岩、砂岩均可当成储层考虑。

（4）本区气源丰富，不存在有圈闭、有储层、无气源问题。

（5）在地表存在 K_1j 地层，而 T_1 有圈闭的构造，作为计算范围。

（6）该区 J_3p 组，无论是 20 世纪 80 年代绵字号井大批岩心，还是新场岩心资料，其砂岩平均孔隙度达 12% 以上（新场 93 年底统计 7 口井平均为 13.58%），因此用容积法进行计算是可以的（新场占井 90% 成功率也证明可用容积法计算）。

2. 本区蓬莱镇组（J_3p）天然气在平面，纵向上的分布情况

（1）从钻井资料见气显示范围统计。南北带，从玉泉 33 井 1000m 处井喷（压力系数 1.1 以上）到合兴场 141 井 1100m（J_3p 组）为工业气井，再有石泉场 128 井沙溪庙组井深 1500m 处泥浆比重为 1.17g/cm³ 条件下，持续井涌，全烃含量从 1.15% ↑ 12.8%。即南北长约 80km，宽约 10km，地理面积约 800km²，其中圈闭面积约 300km²（包括隆起含气带）。东西带，自西向东，从鸭子河构造川鸭 92 井 579m 处泥浆比重 1.06 g/cm³ 条件下

井涌，全烃 0.25%↑24.5%；再从孝泉 109 井获日产气 3000m³→新场气田→新盛构造→丰谷构造川丰 125 井在井深 549m 处泥浆比重 1.22g/cm³ 条件下，全烃 0↑3.68%，即形成长约 90km，宽约 5km 的一个含气带，其中仅以丰谷—新盛、孝泉—鸭子河地区计算，其面积约 200km²。两带共计含气面积约 500km²。另外，尚未钻探，但物探地质资料揭示很有勘探潜力的东泰—连山—磨盘山及东坡的中江—回龙等地，暂估算含气面积 100km²，全区估测有 600km² 面积的浅层气可供勘探。

（2）纵向储层厚度。所钻探区域，500～1500m 均不同程度发现天然气显示，初步统计砂岩储层厚度大于 3m，新场 161-2 井，测井资料解释剖面统计有 12 层，共厚 95m，占其井段的 10.35%；合兴场 141 井测井剖面统计厚 114m，占其剖面 15%；丰谷 131 井测井资料统计及砂岩储层 240m，占其井段总厚的 29.8%。平均厚度以 150m 计算。

3. "预测储量"匡算

（1）计算公式、容积法。

$$G = 0.01 \cdot A \cdot h \cdot \varphi \cdot (1 - S_{wi}) \cdot \frac{T_{sc} \cdot P_i}{T_i \cdot P_{sc} \cdot Z_i}$$

（2）公式各参数值拟定。

G——预测储量"10^8m^3"；

A——含气面积取 600km²，因上算法未考虑成都-德阳凹陷西侧区域，预测该区会有浅层气，并可在找到气藏；

h——取 50m，为全储层 1/3，并为大多数井证实；

φ——取 12；

$1 - S_{wi}$——取 0.5 已发现浅气层含水饱和度低，原始状态不到 30%（新场浅 19 井为 27.92%）；

$T_{sc} = 289(16+273℃)$ $T_i = 40+273 = 313$ $P_i = 10 \text{MPa} \cdot$（800m 深 $\gamma_i = 1.3$ 计）$\cdot$ $P_{sc} = 0.1$ $Z_i = 0.95$。

（3）计算结果。

$$G = 0.01 \times 600 \times 50 \times 0.12 \times 0.5 \times \frac{289 \times 10}{313 \times 0.1 \times 0.95} = 1749.45 \ (10^8 \text{m}^3)$$

（4）可信度讨论。

川西浅层有 $1749 \times 10^8 \text{m}^3$，预测储量是够大的，但仅为川西计算资源量 $6 \times 10^{11} \text{m}^3$ 的 1/3 不到，从前面介绍的苏联和东欧地区其浅层天然气都相当总储量的 1/2，这是其一；其二被物探圈闭的 T_1：新场+孝泉+玉泉区块>100km²，丰谷+高庙子>100km²，合兴场+丘家槽+新盛>100km²，还有知新场—石泉场。再加南北带中南两侧。全区暂估计 600km²，也仅占工区 7000km² 的 1/12；其三有效储层厚度，统计部分井实钻气层厚度（丰度 15 井 7 层 108m，合兴场 100 井 8 层 74m，138 井 8 层 74m，127 井 11 层 70m，新场 161-2 井 8 层 80m 等）50m 是有依据的。因此，川西浅层气预测储量 $1500 \times 10^8 \sim 2000 \times 10^8 \text{m}^3$，可信度大于 80%。

4. 各区带（或圈闭）浅层气丰度浅析

当前已开发的新场地区，单井日产 $0.3 \times 10^4 \sim 10.0 \times 10^4 \text{m}^3$，是公认的"浅而肥"气

藏,那么在川西它是否就是最好的浅气藏呢?尚不定论。从压力系数讲,它不如合兴场 127 井、141 井,从储层发育状况它不如丰谷构造,从区域构造条件分析,东泰—连山、中江、合兴场、丰谷都具备浅层成藏的有利地质条件。回顾新场浅层未进行钻探以前,仅在 132 井、129 井环空串气日产 $2000m^3$ 左右,113 井中测最好一口井才 $6000m^3/d$,而 127 井环空串气不止 $2000m^3$,141 井首次测试日产气超过 $1.0 \times 10^4 m^3$。从大区域看全国有日产上 $70 \times 10^4 m^3$ 气井,$10 \times 10^4 m^3$ 以上相当一批井,从川西的地质条件,首次遇上的新场浅层气不能是独一无二的"肥块"?无论从地质条件,还是自然事件随机分析,都不应该是唯一的,川西还有希望找到类同新场或更肥的浅气藏。

四、川西浅层气勘探开发的战略思想

1. 质优面广、集贫为富

该区有浅层气资源 $2000 \times 10^8 m^3$,又有这么好的用气市场,新场试验已取得明显的经济效益和丰富的研究成果,故认为:

迄至川西找气可说有了三次突破,即中坝气田的发现,合兴场气田的发现,红层次生气田(中深层)的发现,但始终在超深超致密裂缝性领域找气。川西找气近 20 年来的储层、产量、经济效益上升缓慢,投入大于产出,致命弱点是超致密,气井依赖于井眼与储层中裂缝系统相遇的概率,钻井成功率低,中坝公认最好的须二气成功率 57% 左右。加上超深超压给工程工艺带来极大的难题,致使一口单井成本 1 千万~2 千万元。在那样的领域中苦战,是希望能找到常规性储层,同时埋藏又浅的领域,然而川西气源岩全埋于 3000m 以下,地复地层全是经过几亿万年以上变质很深的岩石,因此按常规是不敢奢望气会从深部上运到浅层,更不敢奢望在浅层有常规性储层。但钻探实践冲破了认识受控实践的局限性,揭示了事物的千差万别和特殊性,在总体致密背景下,在适当的地质条件下,还有相对疏松的储层,它揭示出深部天然气在漫长地质史中,可以运移到浅处较好储层里,聚集成工业性气藏。而且在川西特定的地质条件下又具有普遍性,有大面积的浅层储层与圈闭区,已发现浅层气显示,这意味着我们开辟了一个新的天然气资源领域:一旦我们顺应这个实践发展,并加快勘探,就能将储量、产能、经济效益大幅度地提升。

2. 以改革的姿态加快川西浅层气勘探开发

川西浅层气在 1992 年就较为明朗,但认识并未跟上,措施不够得力、速度缓慢,当地方介入后才有所推进,这就要求我们务必要跟上新的形势。笔者建议:

(1)尽快武装一批队伍。谁实力强、装备好、谁得利。因此,资金再困难,也得抓,这是西南石油局生存发展的物质基础,也只有西南石油局才有这个实力,能尽快组成一个具有一定规模的规范化、标准化的浅层勘探开发队伍。

(2)改革开发浅层气的运行机制,发挥多个积极性。

　　总之，开发川西浅层气，是资源丰富、目标明确、工作难度小、用气市场大、经济效益高的重大项目，是西南石油生存发展的头等大事，务求克服一切困难抓住机会，大上、快上。

Ⅱ-4　浅贫面广的大资源
——再论川西浅层气勘探开发

符　晓

川西浅层气(J_1—K_1j)资源到底有多少？勘探前景如何？成藏模型是什么？这是同行们长期关心又难以道明的话题。从"已知见隐"的思维出发，只能见一推一地往前推演与探索。

1991~1994 年，笔者分别作过探讨(见"论川西浅层气资源总量与勘探开发战略"《致密岩石与开发》1994 年第 3 期)，虽然它是笔者等前几十年来一直不看好的层位，但经过十多年的实践、证实所预，超出所预，尤其是近年来洛带、新都遂宁组气藏的发现，既说明了我们思想只知常、不知变的局限性，也增强了全面勘探开发浅层气的信心。

根据当前能源的"天时"，川西的"地利"与西南石油局"能力"的特殊形势，能否加快浅层气的勘探，以实现新一轮次的以浅带深的局面？

我想，实践会作出满意的回答。

一、川西浅层气藏的成矿模型与资源预估

综合国内外大量的中浅气藏地质特点，结合川西新场、洛带、新都的丰富实践及烃气易移、易聚、易散的特性，其成藏数学模型可概括为：

"浅气藏＝下烃源＋中储层＋上盖层＋破不漏"十五个字。

(1)下烃源。据西南石油局"九五"课题报告，仅须家河组，煤层烃源岩，川西地区生烃丰度＞20×10^{12} m^3/km^2("20"为世界公认形成大气田的生烃指标)，其面积达8×10^4km^2，局属区块，正处在生烃丰度 80×10^{12}~120×10^{12}m^3/km^{2}高丰度区，这仅是须家河组煤系生烃量，而海相与深源无机成烃尚未计算。有人质疑，也有人问，烃源须家河组距今已达两亿年之久，是否还在生烃气呢？依据川西须二段—须五段的烃源岩热演化程度的资料 R_0＝1.1％~2.2％，对照公认的演化模表，川西处于高成熟、瘦煤阶段，即处于 CH_4 大量生成期，川西地表大量气苗及新场新 45 井 K_1 在 215m 发现压力系数 1.2 的气层，J_2s 组气层压力系数高达 2.0，都说明深层有天然气不断供给(无补充无高压)。

(2)中储层。川西地区中浅层，从 J_2s—K_1j 组厚约 2000~2800m 地层中，其砂/泥≈2/10，即有厚 4~20m 的粉—中砂岩 10~20 层，近年洛带—新都勘探在遂宁组(J_3sn)的砂泥互层中，亦获得工业气流。J_3s 组砂泥互层，为不纯储层，何以有产，是否含 Ca、石

膏，是否易形成溶孔均与微缝有关，扩大了储层的含义。浅层砂层总体特征是单层薄，分布不稳定，但宏观来看，储层遍布川西广大地区。

（3）上盖层。相对储层而言，凡有一定的厚度且无张缝的泥页岩都能作为盖层，川西地区遂宁组、蓬莱组泥质厚达 1000m 以上，是区域性盖层。实践表明，从浅到深，因泥岩的累计厚度增大，其封盖能级，从上到下也是递增的，从 K_1j—J_2s 组压力系数 $1.1\sim 2.0$，即凡是地表有数百米的 K_1j 地区，J_3p—J_2s 的天然气就会得到不同程度的富集。

（4）破而不漏。川西地区地处中国西部大地构造活动强烈的地槽区与中东部相对稳定的地台区的结合部位，在龙门山内的前陆盆地内，既受从印支期、燕山期到喜马拉雅期的多次构造运动的影响，并都有一定的形变，同时其形变强度不大，而且深部（须二段—须四段）活动强度不大，而中浅层活动小，而且多数形变具有上下继承性，即在深层有隆升部位，中浅层宏观上是断裂，但钻探中 J_2s、J_3p 组分别有 $20\%\sim30\%$ 的井，仍能遇上裂缝，这种上小下多的断破模型，让须家河组的烃源岩的生成的烃气，既能从断裂缝洞往上渗透及扩散，又能在上部中浅层其形变强度小，断裂不发育，形成相对的封闭或构造岩性圈闭的储集体中形成聚集，这便是川西浅层气形成的基本地质条件，也是前陆盆地从南面的乐山到北边的梓潼地区均发现浅层工业气藏的地质依据模型，指明了找中浅层气大方向。凡符合上述条件的地区，只要精心工作，锲而不舍，一定会有所发现与收获。

（5）整个川西盆地内，预计有多少天然气资源？据《中国石油与天然气资源》（2004年出版）一书研究统计资料，全国 25 个陆相盆地统计油气丰度当量为 2.2×10^4 t/km^2，类比川西生烃丰度大于 20×10^{12} m^3/km^2 的面积约 8×10^4 km^2，即 $(80000\times2000)\times10^4$ m$^3 = 1.6\times10^{12}$ m^3，按苏联 10048 个油气藏中，埋深浅于 2000m 的占其 66.7%，东欧占 50%，川西地区以 40% 分布在 J_2s—J_3p 地层中，约有 $(1.6\times0.4=0.64)\times10^{12}$ m^3。即川西地区 J_2s—K_1j 浅层有资源量 $6\times10^{11}\sim7\times10^{11}$ m^3，现仅探明 $1\times10^{11}\sim2\times10^{11}$ m^3（两部门合计）小于 15%。而具体到西南石油局勘探区块内应有 $4\times10^{11}\sim5\times10^{11}$ m^3 的天然气，最终可望找到 $2\times10^{11}\sim3\times10^{11}$ m^3 天然气储量。

二、如何全面启动川西浅层天然气的勘探开发

加快开发天然气勘探是当前社会对优质能源的需求和清洁环保的要求，也是能源部门日夜思考的主题，在此从两个方面谈点看法，供同行思考。

1. 深化对浅层气的认识

"以史为鉴，能知兴衰"。西南石油局现年产气仅 21.0×10^8 m^3。其 90% 产于曾经被人们忽视的非生气层 J_2s—J_3p 组，从 1992 年川孝 153 井浅层 J_3p 获高产算起至今约 13 年，已发现新场、洛带、新都、马井一片。但从川西总的地质条件与 13 年的发展看，还可以放开点，一是表现在对川西中浅红层气勘探尚需全面规划，二是在浅层勘探设计层位时，常常出现意外发现未曾预计到的新层位，为什么？由于传统理念在气源层找大气、

深层找大气，而对非气源浅层是"小难成大气"观念的转化尚有个过程，尤其是对浅层的富集地质条件认识尚有个过程。无可厚非的是川西深层须二段有大气藏如新 851 井，海相也一定会有较大气藏存在。结合西南石油局的现状，深层有气拿到手的工程"难度"很大，海相高 H_2S 的气藏勘探难度更大，形成规模有个过程。而面对分公司，按中石化要求，所议定的"双 5·3·7"规划（即 2010 年建成孝泉—新场—丰谷等 5 个大型气田，马井、中江、阆中、南部、巴中 5 个中型油气田，届时累积探明储量达 $3000×10^8 m^3$，年产量达 $70×10^8 m^3$），要在 5 年内从现产 $21×10^8 m^3$ 增加到 $70×10^8 m^3$ 的目标，没有创新的思维与观念，是很难实现的。"观念前进一小步，找气效益就前进一大步"。

（1）川西红层（J_2s—K_1j）天然气藏遍布川西前陆盆地的三个带中，只有丰度、层位差别，不存在有无的差别。

A. 深部有海相、陆相两套，其丰度大于 $80×10^8 m^3/km^2$ 的气源层。

B. 川西深源烃气有渗流、扩散进入上覆中浅层的储层中，形成岩性构造圈闭中（因它中间无膏盐隔离层）。

C. 中浅层砂体小，但广泛分布，既可以因构造圈闭而富集，也可由岩性变化而圈闭，有构造区有气藏，无构造圈闭区也会有岩性气藏存在，如鄂尔多斯盆地的苏格里地区，在平缓地区发现探明储量 $6025.27×10^8 m^3$ 的大气田。笔者在川西 30 年经历数百口井实践，只要钻井剖面从 J_3p 上部开孔位的，难见一口井在 J_3p—J_2s 层段不见气层的，说明其普遍性。

（2）"小中寓大，积少成多"。

A. 从相对性的辩证思维出发，非工业气藏与工业气藏的界限是受制于勘探技术与气的供求市场制约的。以当今高精度物探识别储层技术，如定向井、水平井、丛式井、压裂改造等反思川西在各区所打的数十口深井、中深井，若用上述技术，有 60% 以上可建成输气井场。

B. "优化成本，利薄长效"。

经过初算，一口井场平均打 4 口井，投入 800 万元以上（J_3p 组），单井日稳产大于 $2000m^3$，平均日产气 $1×10^4 m^3$，5 年便能收回成本，往后产量虽低，但稳产期长，在单井日产气降到 $500\sim1000m^3$ 的井的产能时，往往处于稳定不减状态，而这个过程是很长的纯利润阶段。

C. 单井工业指标下降 20%，而勘探面积将扩大 40%，这便是贫矿往往是大矿的道理。

2. 勘探运作体制问题

运作体制，是坚守现在单一的国有体制好，还是引入市场机制、实行股份制多元结构好？笔者以为，对深层及已明确的气田，可以实行单一国有制；对于那些情况不明，但有望找到气的区块，实行开放性好，尤其是中、浅层，中石油西南油气田分公司的中、浅层气的开发，就是在矿区统一规划下的集体体制运作。一些边际性资源，进入市场机制有利于发现更多的气田，有利于涌现更多的创新思路与技术，最终获得共同发展、快速发展的大格局，其储量、产量计入分公司总盘子中。若地方有积极性，也可与地方合作。

三、选点突破，以点带面

（1）丰谷构造。K_1q 底计算圈闭面积达 83km²，此构造勘探程度高，深井录井中的 5 口井中，从 K_1j—J_2s 组，井井见气，压力系数 1.1～1.6，砂体厚度仅 J_3p 组含气砂体单层厚 4～24m，J_2s 砂体厚 14～28m，若取得突破，四周延扩面积 100km² 以上。

（2）花垓背斜。地表浅层 K_1b 圈闭面积 2.5km²，但隆起幅度大于 200m，它靠近西部构造活动带，深部断裂较发育，浅层未见明显的断层。从玉泉、桑枣构造见气预测，J_3p—J_2s 储层发育，其上封盖条件良好，属气源富的地区，一旦成功，将带活界牌、河边、玉泉、泉水坡等一批构造，涉及面积 100～200km² 范围。

（3）德阳河清构造。河清深部 T_3x^2 构造明显，中、浅层资料少，可以查实，属孝泉北区另一排正向构造，一旦突破，它可控制约 100km² 的区块。

综其所识，川西浅层气是一个风险小、难度小、见效快，投入、产出同步增长的领域。

第三篇　勘探开发的实践探索

Ⅲ-1　四川盆地油气资源结构及成藏模式讨论

符　晓

（地质矿产部西南石油局第十一普查勘探大队）

从 20 世纪 60 年代至今，笔者在先后参与的川东北和川西油气普查勘探及开发的实践中，深深感受到"不谋全局者，难谋其一域"及"根不壮、叶难茂"的道理。在这夕阳的享受岁月里谈点感受，愿能起到抛砖引玉的作用。

一、油气资源结构

四川是什么样结构："一基、二相、三系统"组合结构。

图 1　中国油气盆地综合成果图

（一）一基

四川地区的结晶基岩属扬子板块西部。此盘厚约 40km（地壳 10~70km），面积大于

$20 \times 10^4 \, \text{km}^2$。

在 10 亿年前左右，形成了中国大陆上的四大古陆：华北、塔里木、华南、扬子古陆。四川盆地属扬子古陆西部至今保存较好的部分。现初查：华北、塔里木、扬子三大古陆约占全国陆地油气资源 60% 以上(图 1)。

1. 四川基岩形成与物质特点(图 2a)

四川基岩形成于 10 亿年前。物质成分：川中是太古宇基性岩，两侧为元古代中酸性结晶岩。

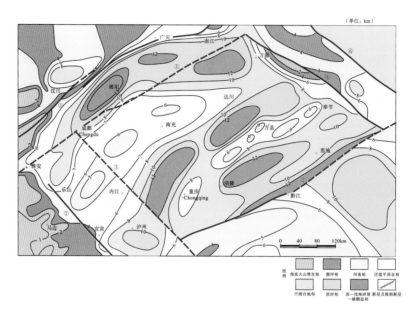

a

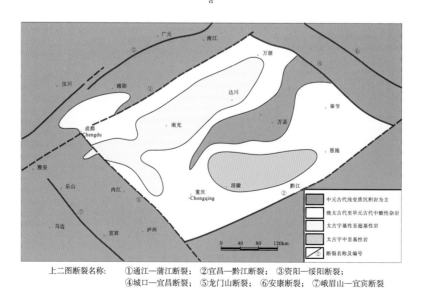

上二图断裂名称：①通江—蒲江断裂；②宜昌—黔江断裂；③资阳—绥阳断裂；
④城口—宜昌断裂；⑤龙门山断裂；⑥安康断裂；⑦峨眉山—宜宾断裂

b

图 2 四川盆地震旦纪基底结构及顶面等深线图

2. 形状

(1)断裂切割成四边形，此四边共 8 条基岩断层切成了准平行四边形(北东向)。外 4 条：龙门、宜昌—黔江、安康、峨眉—宜宾；内 4 条：成都—通江、资阳—绥阳、华蓥山(有玄武岩)、城口—宜昌。

(2)基顶形态(图 2b)：中隆侧凹，南高北低，德—绵顶深 13km，川中 6km，高差 6~7km，坡度约 10°。

(3)形状形成：海西、加里东、东吴(峨眉)、印支、燕山及喜马拉雅运动等所致。

3. 意义

(1)托盘作用：其上沉积了海相、陆相两套厚 6~13km 的含油气岩系。

(2)保护作用：(图 3)表明盆地四周平均高约 2000m，说明基底坚硬，长期挤压它坚守抵抗，"二相"未翻。2008 年 5 月 12 日汶川 8 级大地震又破坏一片：北东推 4.5m，隆升 4~6m，盆地西区下降 0.6m，表明正处于破坏中。

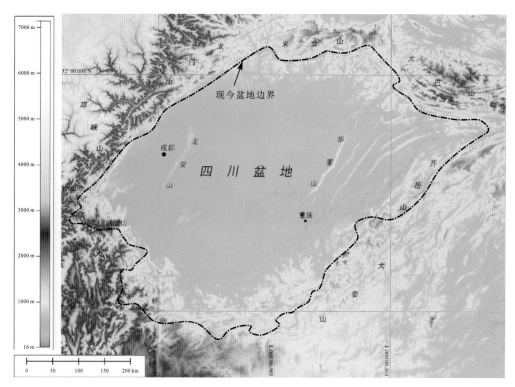

图 3 四川盆地地形图

(3)控相作用：中隆侧凹铸就了沉积相的变化，如深层海相的台缘相。

(4)控型作用：发育的各条基底断裂和形态，它是上"两相"沉积和形变的盘与根。

(5)供能作用：是热能和部分烃能供给者，又是生、植物聚集地。

总之，研究油气藏，尽力从根做起，"根深叶茂"！

（二）二相（以川西为例）

二相即海相沉积体和陆相沉积体，海相沉积体称"肉饼"，陆相沉积体称"菜饼"。

1. 海相沉积（图4、图5）

层位：$Z—T_2l^4$，厚度：2000～6000m（盆内）。

烃源：台缘、浅海微生物为主的腐泥型。

组成油气系统即以一个大运动幕为界，分三个生储系统：震旦系—寒武系—奥陶系（加里东）｜泥盆系—石炭系—志留系—二叠系（东吴峨眉）｜三叠系飞仙关组—嘉陵江组—雷口坡组（印支早幕）。

有利区带：基底断隆上方，基底中隆四周斜坡区。

成藏模式：浅海台缘相＋形变岩溶裂缝发育的隐覆区带（岩溶多发育于隆起、斜坡、断裂和不整合面）。

2. 陆相沉积（图6）

层位：$T_3m—K$，厚度2000～6000m（台内）。

烃源：以湖盆植物煤泥页岩的腐殖型为主。

油气系统：$T_3m—T_3x$印支晚幕｜$J_1—K$燕山晚幕。

有利区带：盆内地表有J_3sn、J_3p、K等地层，正向构造及斜坡区带。

成藏模式：形变强度决定含气丰度（T_3x）及气化成藏（J）模式。

此二相组成各具特色的三套含油气系统。

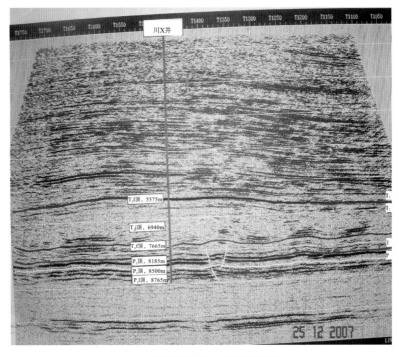

图4　海相沉积地层结构示意图

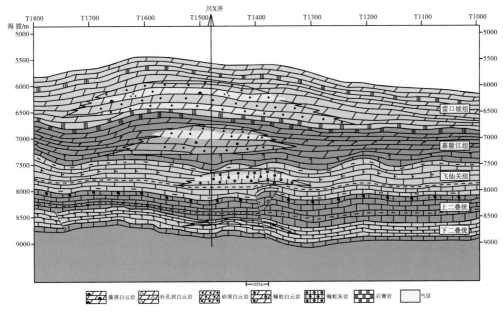

图5 川科1井气藏剖面示意图

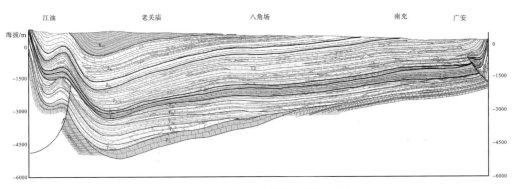

图6 陆相沉积地质结构示意剖面图

(三)三系统

海相、海陆交互相及陆相含油气三系统(图7)。

三系统是从新场气田浅、中、深层的实践悟得，构造运动是油气生、储、盖物质生成及组合的缔造者。

1. 海相含气系统

层位：$Z—T_2l$。

有利区带：横向上的浅海为台缘相，区内的形变岩溶区，即隆起、斜坡、断裂及不整合面。

纵向上要十分注意各构造层的不整合和侵蚀面上下层段。

资源：全盆地 $4 \times 10^{12} \sim 5 \times 10^{12} \mathrm{m}^3$。

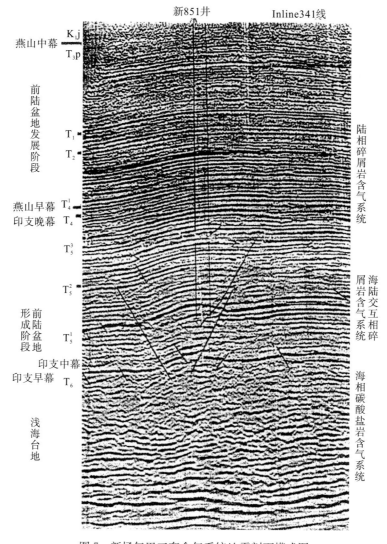

图 7　新场气田三套含气系统地震剖面模式图

2. 海陆交互相

层位：$T_3 m$—$T_3 x^5$，生、储、盖自成系统组合。

目的层：$T_3 t$—$T_3 x^2$，$T_3 x^4$，局部 $T_3 x^3$、$T_3 x^5$。

资源：$2 \times 10^{12} \sim 3 \times 10^{12} \mathrm{m}^3$。

3. 陆相含油气系统

层位：J_1—K_1。

有利区带：地表有 $J_3 p$ 或 K_1 地层，正向隆升区及斜坡区带。

成藏模式：气化成藏。

资源：约 $2 \times 10^{12} \mathrm{m}^3$。

　　关于三系统特征、分布、成藏模式及勘探思路见表 1，这便是四川盆地天然气资源 $8 \times 10^{12} \sim 10 \times 10^{12} \, m^3$ 的结构及组装情况。虽有如此大的资源，可两大部门历经 50 多年，探明可采储量不到 $1.0 \times 10^{12} \, m^3$，这是为什么？

表 1　川西三套含油气系统特征、分布及勘探技术要求概况表

含油气系统	层位	成藏模式	气藏类型及特征	分布	勘探技术要求
陆相碎屑岩油气系统	K_1j、J_3p、J_3sn、J_2s、J_2q、J_1	气化富集成藏模式	构造岩性河道砂岩气层为主，湖泊碳酸盐灰岩储层为次。原生、次生气藏均有，压力系数 $1.0 \sim 2.0$。气层规模小，单井产量低，气质优	拗陷、东坡所有背斜构造均有望可找。总资源 $> 1 \times 10^{12} \, m^3$	本系统的勘探开发技术基本成熟。三维地震＋储层描述部孔。录井、测井、射孔、压裂评价、建井以直井、丛式井、水平井进行立体多层开发，J_1b 灰岩储层可酸化增产
海陆互相碎屑岩油气系统	T_3x^5、T_3x^4、T_3x^3、T_3x^2、T_3t、T_3m	圈闭形变强度控制含气丰度模式	构造控制滨海三角洲碎屑岩储层为主，局部可能碳酸盐岩储层。厚储层、大盖层、富烃源为特点。原生油气藏。压力系数约 $1.4 \sim 2.0$。高产井受裂缝控制。微含 H_2S，少量 CO_2	冲断片、拗陷、斜坡三代所有圈闭构造，都会有气藏可找。总资源 $1 \times 10^{12} \sim 2 \times 10^{12} \, m^3$	探索有效配套的勘探开发技术难点：①储层裂缝识别与增产措施；②寻找适应少量 CO_2、微量 H_2S 作用的建井，探索压裂工艺及采气流程系统
海相碳酸盐岩含油气系统	T_2t、T_2l、T_2j、T_2f、P_2、P_1、O	台缘相形变岩溶成藏模式	海相碳酸盐岩岩性油气藏为主，可望找到裂缝性灰岩、鲕粒滩、针孔白云岩、生物礁等油气藏。压力系数 $1.2 \sim 2.0$。富集规律：受沉积相带及溶蚀作用控制。气体含 H_2S，少量 CO_2	断隆、斜坡、不整合面都有分布，油气藏不一定受构造控制。总资源 $> 2 \times 10^{12} \, m^3$	超深或山地高分辨率的三维地震技术、特殊储层识别技术。工程工艺：防 H_2S、CO_2 的建井、建产、采输及酸化等增产技术的探索，属高难度、高产出领域

二、油气勘探开发中的几点的反思

　　孔子曰："温故而知新"，温故什么？反思什么？反思油气勘探中出现的"点与面、树与林、层与楼"的转化难点。

（一）几个中外大难度中低丰度油气田勘探突破过程

1. 加拿大阿尔泊达艾尔姆沃斯前陆盆地（落基山脉东侧，类同川西）

　　地质条件：白垩系（K）岩性圈闭，孔隙度小于 7%，压力系数 0.9，气水倒置。

　　经历：20 世纪 40～90 年代，从找构造圈闭到找生物礁，再到岩性圈闭，打了 100 多口井，历经 50 年而无所收获。

突破口：污染问题，在 20 世纪 90 年代解决了污染，又实行了压裂，发生了质的飞跃。

现成果：对原 100 多口井进行改造并取得成功，获得稳定成片气藏，取得 4700km² 内，探明储量 $4810 \times 10^8 m^3$，丰度约 $1.0 \times 10^8 m^3/km^2$，实现了由点到面的突破。

2. 鄂尔多斯盆地苏里格大气田——我国首个探明储量超万亿米方米的大气田（图8、图9）

地质条件：井深 3300～3500m。

层位：P_2^1 石盒子组八段和山西一段。

储层厚：单砂体厚 3～5m，累计平均厚 10m，单砂体宽度 100～500m。

孔隙度：5%～12%。

压力系数：0.87。

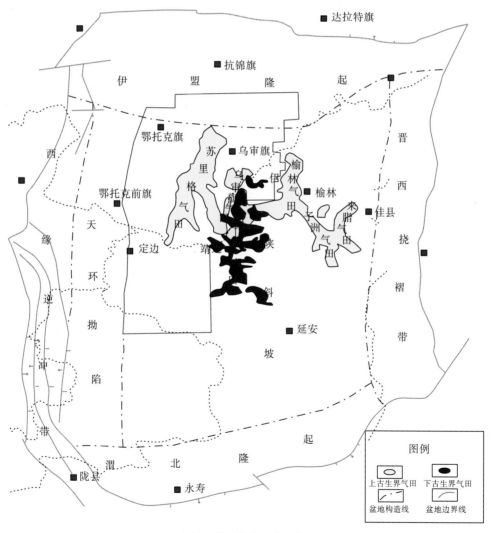

图 8　苏里格地区位置图

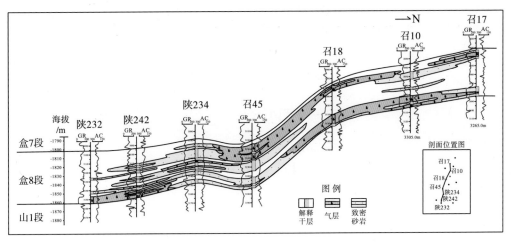

图 9　苏里格地区二叠纪下石盒子组盒 8 段气藏剖面图

经历：数十年探索和民营的介入，探索出描述、压裂、一井多层同压合采及井下节流等 12 项技术，获得了连片、稳定大面积气藏。

成果：2003～2007 年，探明苏里格及东区（>8000km²），探明储量 $1.0988×10^{12}\,m^3$；2007 年日产 $1000×10^4\,m^3$，年产大于 $40×10^8\,m^3$。

3. 鄂尔多斯盆地南部百亿吨大油田的发现

地质情况：侏罗系（延安组）+三叠系（延长统）辫状河多层系，复合连片。

盆地结构：东高西低，非常平缓（1°/1000m）。

储层状况：磨刀石、三低、四低、特低帽子，口口见油，口口不流。

油气聚集：半盆气、满盆油、南油北气、上油下气。

经历：国有、民营并进，用新的工艺压裂、抽吸等技术（抽吸至 300m 深油面不下降），发现延安组有 11 套油层，延长统 10 套油层，稳定连片。

成果：2007 年探明储量 $16.67×10^8\,t$，占总资源 19%。资深专家预计：仅延长统（T_3）$11×10^4\,km^2$，丰度 $40×10^4\,t/km^2$，有油 $400×10^8\,t$，以其 50% 计算，有 $200×10^8\,t$。

（二）川西须家河组的勘探反思

从 20 世纪 60 年代中坝气田发现至今 40 年的经历，有喜有忧。

1. 喜

一是在龙门山前沿斜坡带的中坝、平乐坝构造，依靠发育的自然裂缝获得约 70% 以上钻井成功率，日产分别超过 $100×10^4\,m^3$ 的稳产期。

二是 21 世纪初新 851 井发现的新场气田，获全川本层位第一高产井（无阻流量>$1.517×10^6\,m^3/d$），至今相继的新 806 井、新 2 井、新 3 井、新 10 井、新 853 井及联 150 井等 10 口井完井，测产 8 口，平均日产 $23.6×10^4\,m^3$/井，并获得稳产局面。这也是川西主体拗陷中首个有规模的工业气藏。

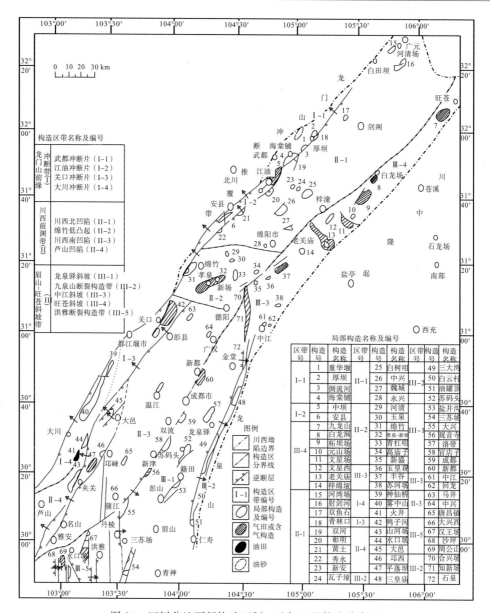

图 10　四川盆地西部构造区划、油气田及构造分布图

三是须家河组资源丰富，平面分布广（扩到全川约 $10 \times 10^4 \, \text{km}^2$ 内），纵向层位多（已在须二段、须三段、须四段、须五段分别获不同工业性产能）。

2. 忧

忧在"发现易，开发难；显示多，获产少；气井多，气田少；树多，林少；层多，楼少"。这导致 50 年里，两大石油系统在上万平方公里土地上，纵向数千米的含气地质体中，其资源过万亿立方米的前陆盆三个带（图 10），年产合计不到 $30 \times 10^8 \, \text{m}^3$，探明的储量不到预测资源 10%。这是为什么？答案是多方面的，除了客观上地质的复杂性和技术进步跟不上外，还与我们主观认识有关。

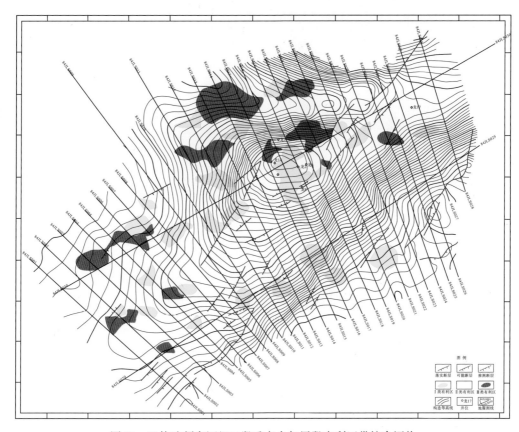

图 11　X 构造须家河组二段重点含气层段有利区带综合评价

3. 思维和技术

一是思路。成藏思路（机理）不清导致资源不明，资源不明导致信心不足，信心不足导致创新、引进技术不够。

二是建产系统不完善。从部井到试采，既要布好井，还要气路通，有缝则护缝，无缝则造缝。测试、采气系统中，常出现"短板"效应。

4. 有望突破由点到面的几个亮点

(1)近期九龙山构造出现的点、面转化亮点。

20 世纪 80～90 年代，在九龙山打井 12 口，发现沙溪庙到二叠系茅口组九个含气层。获产 10×10^4～$100\times10^4\,m^3/d$ 有 8 口井层，其中龙 4 井在须二段及茅口组失控放喷日产均大于 $100\times10^4\,m^3$，分别释放 $2951\times10^4\,m^3$ 和 $2171\times10^4\,m^3$。终因成藏思路"只见点，不见面""只见树，不见林"（图 11）和井控技术等原因，放缓约 20 年。到 2008 上半年，采用新的酸压技术（据传是特制配方土酸）获得 3（千佛崖 3 口井日产 3×10^4～$10\times10^4\,m^3$）＋1（须二段一口井日产 $40\times10^4\,m^3$）的 4 口井 100％ 成功，仅一项新技术显露出由点到面转化亮点（现正在规模进行中）。这有望救活一个隆幅过千米、面积数百平方公里的川西最大鼻状圈闭构造之一，获得突破建成整装的大气田。

(2)防污、解堵，发现高产井的亮点。

川合 100 井、新 851 井、大邑 1 井是怎么成为高产发现井的。川合 100 井是雇美国人施工，1987 年于雷口坡组完井，1988 年回头射须二中上段获日产 $36 \times 10^4 m^3$，稳采气超过 $1.0 \times 10^8 m^3$。污染表皮系数 $S = -1.7$，它的泥浆放置一年后，压井使用时其流动性却依然如初，从钻井到固井浸泡达半年之久，而气层未遭伤害，它用的是什么泥浆？后来自打的川合 127 井、川合 137 井获产依次降低，为什么？下表数据可以说明（表 2）。

表 2　表皮系数与产能之间的关系

井名	川合 100 井	川合 127 井	川合 137 井
表皮系数	-1.7	$+8$	$+15$
获日产/m^3	34×10^4	16×10^4	11×10^4

它们的井位均处于两组断裂交汇的上方，并在由北到南的一条线上（图 12），此三井采气量分别大于 $1.0 \times 10^8 m^3$，是由点到线的突破，可继后打了 4 口井均未获产，结束于由点到线，未能实现由线到面的突破。

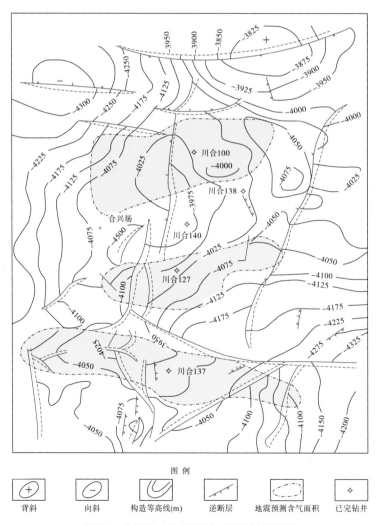

图 12　合兴场三维地震须二顶反射构造图

新 851 井二维地震 T_5^1 圈闭面积仅 1.0km²，闭合高度 60m(图 13)，以站在森林中看树木的方式，决定勘探须二段。经对三维地震资料多次处理、解释后圈闭面积上升为7.0km²，闭合高度上升到 120m。能打吗？质疑颇多，后在形变与含气丰度模式的启发下决定上钻，其井布在三断裂交汇上方(见图 14)。须二段腰带子下，遇良好显示，经衬管完井，获稳产 $50 \times 10^4 m^3/d$ 的高产，无阻流量 $151.7 \times 10^4 m^3/d$，其表皮系数为 -6.4。

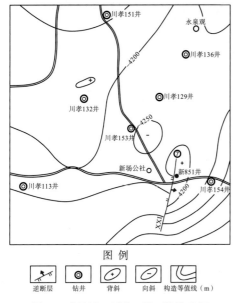

图 13 新场气田须二顶二维构造图

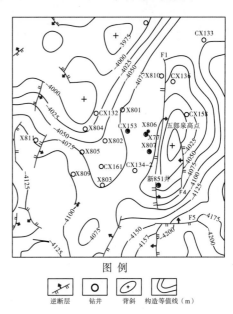

图 14 新场气田须二顶三维构造图

(3)大邑 1 井布在 f1 与 f6 交汇上方(图 15)。

须二段岩心破碎，裂缝发育，裸眼钻进获产 $11.8 \times 10^4 m^3/d$(无阻流量)，射孔却获低产($1.78 \times 10^4 m^3/d$)，经多次酸化，其表皮系数由 21.5 下降到 7.56 时，日产气上升到$53.8 \times 10^4 m^3/d$(无阻流量)。

此三口发现井，回答了我们一部分问题，即丰度模式和防污的问题。合兴场、大邑又该如何由点到面呢？

总之，全川须家河组当前正处于由点到面、由树到林的过渡时期。核心问题：一是符合客观的成藏富集模式，它是资源预测、勘探信心的基础；二是建产技术，保护好自然缝或人为造缝(压、酸)；三是气水组合复杂，宜细水长流，避免过早水淹。

(三)侏罗系次生气藏的反思

1. 地质概况

侏罗系陆相湖泊沉积，砂泥岩面积全盆地约 $1.6 \times 10^5 km^2$，厚 2000～3500m，埋深0～3500m。

获产地层：J_3p^1、J_3p^2、J_3p^3、J_3sn、J_2s^A、J_2s^B、J_2s^C、J_2s^D、J_2s^E、J_2q^1、J_1 等十几个层系砂质岩。

2. 勘探经历

20 世纪 50 年代发现江油 J_2s 组厚坝油砂岩，1978 年川玉 35 井 J_3p 组井喷。

后打绵字号井 8 口无产，1984~1985 年川孝 104、川孝 106 井分别在 J_3sn、J_2s 组获产 $4 \times 10^4 \sim 10 \times 10^4 m^3/d$；1992 年川孝 153 井 J_3p 组 720m 砂缝结合，获产 $2.5 \times 10^4 m^3$ 并输气(气层上升为浅而肥气藏)，此井后引来地方介入并联合开发($42km^2$)，但仍处于"点、树"阶段。

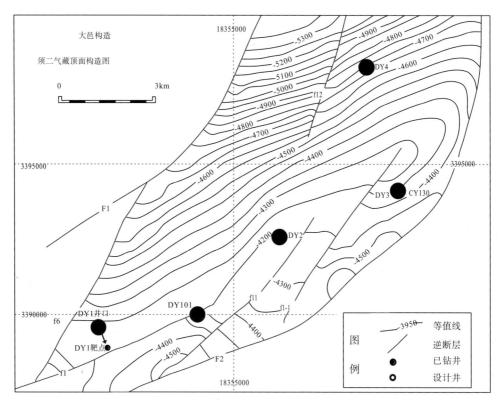

图 15　大邑构造须二气藏构造井位图

3. 勘探开发亮点

1995 年新场公司用 8 条二维地震剖面，首次对 J_3p 河道砂体进行描述，后又对 J_2s 进行描述。在气化成藏模式指导下，对查明砂体全面部井，结果是有砂体便有气，但不是都有产。到 1997 年新 811 井 J_2s 组压裂成功和新 701 井首个丛式井组成功，浅层气上升到了由点到面、由层到楼、由单井到丛式的规模建产开发时期。

4. 现状

川西已发现超过 $100 \times 10^8 m^3$ 储量侏罗系气田：新场(储量 $>200 \times 10^8 m^3$，日产气 $>300 \times 10^4 m^3$)，洛带(储量 $>200 \times 10^8 m^3$，日产气 $>100 \times 10^4 m^3$)，大兴西到邛西(储量 $>200 \times 10^8 m^3$)……

总体储量：探明 $1000 \times 10^8 \sim 2000 \times 10^8 \, \mathrm{m^3}$，发现含气的构造数十个，面积过千平方公里，单井日产 $0.3 \times 10^4 \sim 10 \times 10^4 \, \mathrm{m^3}$，气质优，不含 H_2S。据统计，四川探区天然气年产量大于 $30 \times 10^8 \, \mathrm{m^3}$，中浅层的产量占年总产量70%以上。

5. 未来前景

侏罗系中浅层天然气资源是四川三大资源之一。经过努力，5 年后全川天然气年产量有望超过 $100 \times 10^8 \, \mathrm{m^3}$。

(1)资源总量：侏罗系含气面积，以 $15 \times 10^4 \, \mathrm{km^2}$ 地层分布的 1/3 计算约 $5.0 \times 10^4 \, \mathrm{km^2}$，含气丰度（叠加）$0.5 \times 10^8 \sim 1.0 \times 10^8 \, \mathrm{m^3/km^2}$，则有 $2.5 \times 10^{12} \sim 5.0 \times 10^{12} \, \mathrm{m^3}$（据气化模式理论）。

(2)丰度如何？看新场实践：

一是：$42 \mathrm{km^2}$ 日产 $300 \times 10^4 \, \mathrm{m^3}$；

二是：新 77 井日产 $10 \times 10^4 \, \mathrm{m^3}$，采气大于 $1.0 \times 10 \mathrm{m^3}$；

三是：新 806 井 J_2q 组获日产 $30 \times 10^4 \, \mathrm{m^3}$，采气大于 $2.0 \times 10^8 \, \mathrm{m^3}$（获地矿部一等发现奖）；

四是：新场近期一组 J_2s 组 E 层 5 口井获无阻流量 $90 \times 10^4 \, \mathrm{m^3}$，采气大于 $40 \times 10^4 \, \mathrm{m^3}$。

(3)开发难度小：浅 $300 \sim 3000 \mathrm{m}$ 内，不含 H_2S，气质优，就地可用。

(4)投资风险小，效益高；多层叠加，低产持久。

(5)开发思路、技术成熟：描述部井、立体开发、压裂建产、丛式规模。

总之，侏罗系这层嫩叶有根茎支撑，终会叶茂果硕。

上述反思表明：川西预盼全面突破，规模开发，尚需进一步探索成藏机理与配套技术。

三、海相、海陆过度相、陆相三系统的成藏模式

成藏模式即油气聚集并储存的特殊地质体。

老子讲："上善若水……居善地……动善时"，即动、居有很强（善）的选择，所以地表、地下的水分布是很不均匀的，那天然气呢？它有类同的特性，比重小，比空气轻；分子小，能进入水分子中；更是居善地、动善时的，而且不均匀分布于地下深部。寻找相对丰度高的油气藏，探寻富集的地质模式，便是地质家们毕生的追求。

(一)海相成藏宏观模式

孔子说："格物而后知之"，本人实践不多，难于说准。

1. 油气藏类型（图5）

鲕滩、生物礁、白云化及砂屑白云岩等。而沉积这类水体环境多是浅海、台缘相。而要有好的孔渗性则必须经过岩溶作用，岩溶则要有一定"形变"条件，同时还要有良

好的封盖条件。应该是什么样的模式呢?

2. 宏观模式

浅海台缘＋岩溶(断隆、斜坡、不整合面)＋盖层＝组装的圈闭体,简称:台缘岩溶模式。

3. 四川有利地区

一是川中隆起(基底)的东、西、北三方的斜坡,高曲率带;二是前面讲的基底内四条断裂上方,隆起区域,尤其川西坳南北端部蒲江鼻状隆起及九龙山鼻状构造。

(二)圈闭形变程度与含气丰度模式(图 16)

近 25 年来,川西地区大量勘探实践的积累以及新 851 井风险论证和预测过程中,总结出了圈闭形变程度与含气丰度模式,一定程度上增强了勘探的信心。

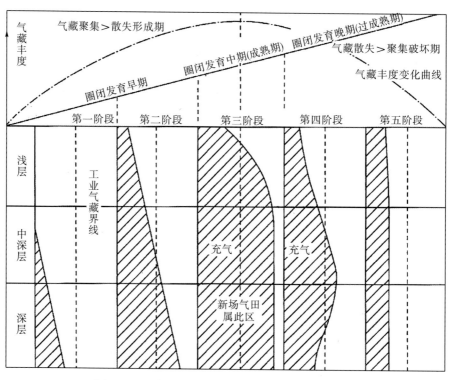

图 16　川西各层系含气丰度与圈闭发育关系示意图

1. 概念

(1)烃源岩生成烃→低势区→圈闭→成藏。

(2)天然气运、聚、散是个动平衡过程,是和圈闭发生(始聚)→发展(成熟)→破坏(过成熟)相辅相成的过程。

(3)川西碎屑岩气藏,储集于构造－岩性(岩性－构造)圈闭中。而圈闭形变强度(主要是断破通天状况)制约着含气丰度,即封盖能级、压力系数与含气丰度成正比。

(4)形变强度制约着"聚>散、聚＝散、聚<散"三种关系的演变,而聚、散转换制约含气丰度,即丰度遵循中庸之道,过犹不及。

2. 形变期次(成熟度等级)

相应参数特点见表3。

表3 形变期次及其相应参数特点对比表

期次	1. 始聚期	2. 半成熟期	3. 成熟期	4. 过成熟期	5. 枯竭期
聚散关系	聚>>散	聚>散	聚≈散	聚<散	聚＝散
形变特点(隆幅)	<50m	50～200m	200～600m	>400m 部分断层通地表	发育通天断层,褶皱、倒转
工业气藏	无气藏	中低丰度	高丰度	中低丰度	无气藏
纵向气藏	气源深层有小气藏	中下部为主	浅中深均有工业气藏	中部为主	局部有残余油气
压力系数	底部高>1.2	中下部高 1.1～2.0	1.2～2.0	中部1.1～1.2	<1.0
川西代表性	凹中深部微隆	梓潼地区	新场、合兴场、丰谷、九龙山	中坝、平乐、大邑等	厚坝、安县等的碎屑领域

3. 意义

此模式揭示了油气藏纵向上的整体性、关联性、差异性的机理。宏观预测、选区评价,从浅到深整体评估。如在浅层发现气层的压力系数在1.0以上,则同一构造的中、深层应有气层可勘探;若在深层发现高压气层,则中、浅层有气可找。

总之,隐伏基底、深断交汇、正向隆起为理想的"楼式"目标,即在形变处于2、3、4期的数千米含气地质体中,必然有"层"便有"楼"。

(三)侏罗系次生气藏"气化富集成藏"模式

模式源于新场气田实践的总结和概括,对浅层次生气资源的预测、认定,如图17所示。

1. 概念

深部烃源岩及深部已有气层,在高温高压下持续裂解生成气,以渗流、扩散方式进入上覆非烃源层系,在弥漫气化有圈闭体的同时,在低势区高部位或断破区储层中发生相对富集,即气化富集成藏。

2. 条件

烃源丰富(丰度>$20×10^8m^3/km^2$),热解系数R_0<3.5%,形变适度,中无隔板(膏盐层)。

3. 性质

开放性:源、聚、散一体,动平衡过程,气藏开发中有气藏外气源补充。

同步性：同一封盖能级内，砂岩、泥岩含同样压力系数的气（类似蒸笼效应）。

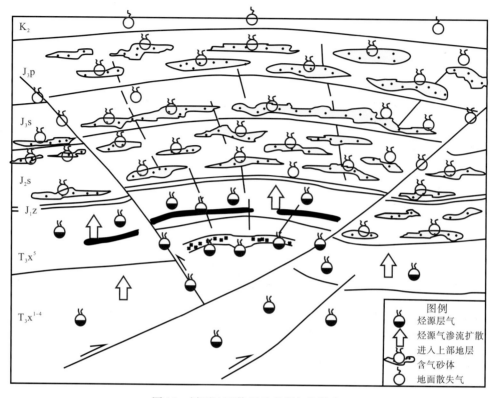

图 17　川西地区侏罗系成藏气化模式

递减性：压力系数由浅到深逐渐增加，即随封盖能级增大，压力系数增大。

持续性：低产期长，有采有补（下层补，周围泥、页岩也补）。

4. 意义

揭示了次生气藏不是点状是片状，不是"树木"是"森林"，具体有以下依据。

资源预测依据：有欠压实区带便会有气藏（图18、图19），如某浅层段的某井发现砂体含气且有产，则该层所有砂体会有气，并可知其上下趋势，有牵一发动全身之感。

该图表明：

(1)川西侏罗系泥岩欠压实普遍。

(2)欠压实起始深度与盖层形变强度有关，具有同步性，表明砂泥岩含有相同压力系数的流体。

(4)欠压实起点，也是地层超压起点。

(5)勘探思路依据：立体开发，丛式规模，积贫为富。

(6)潜在效益依据：有采有补，低产持续。

新场气田5100m地质体中已发现从 K_1 到 T_3x^2 的12个工业性气层（K_1、J_3p^1、J_3p^2、J_3p^3、J_2s^A、J_2r^B、J_2s^C、J_2s^D、J_2s^E、J_2q、J_3sn、T_3x^4、T_3x^2，先后投产开发的11个），日产气约400万 m^3，累计采气大于50亿 m^3。预计碎屑岩领域还有3~5个待开发层位，

海相有 4～6 个气层待发现，新场从陆相到海相可望超过 20 个开发层系。

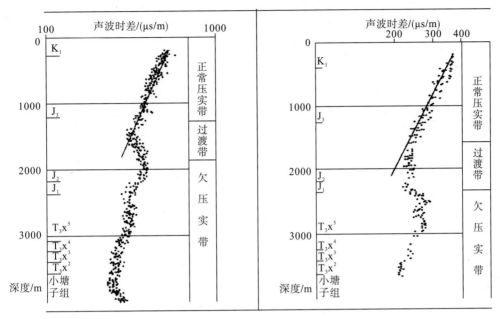

图 18　关 6 井(左)与平落 1 井(右)泥岩声波时差散点图

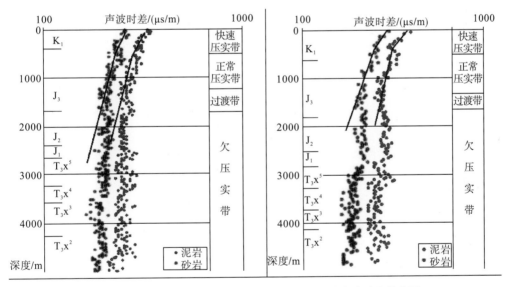

图 19　联 150 井(左)和川合 148 井(右)砂、泥岩声波时差散点图

四、再荐川西天然气勘探开发"由浅到深"的运作模式

面对盆地资源组合、成藏模式及复杂的地质结构，选择什么样的勘探开发程序模式呢？由易到难、从浅到深，这是人们认识事物、变革事物的普遍规律，也符合川西复杂地质结构与资源组合实际情况。

1. 浅层有资源，川西中浅层有丰富的天然气资源

从勘探实践发现 J 系含气层分布范围，南起洪雅北到九龙山长约 300km，西起大邑东到龙泉宽约 60km，面积约 $1.8\times10^4\sim2.0\times10^4\,km^2$，从 K_1 到 J_1 累计含气丰度底线约 $1.5\times10^8\,m^3/km^2$（新场气田中浅丰度约 $5\times10^8\,m^3/km^2$），可勘探面积以 50% 计，有 $1.5\times10^{12}\,m^3$ 的资源。

以"气化模式"看，川西侏罗系整个地质体（J_3p—J_1）砂泥岩均含同等压力系数的气（欠压实普遍），只是页岩孔隙度很低，含气丰度很小，但内有构造缝、应力缝、层间缝，其气可渗流补充到因采气压力降低的砂岩中（低产持续）。

2. 有验证，新场气田"浅上产、中稳产、深后备"的成功运作模式，符合资源结构和地质情况

（1）新场气田靠 J_3p 组浅层的新 77 井等，一年建产近 $100\times10^4\,m^3$（实现浅上产）；3 年内靠新 806 井（J_2q）、新 811 井（J_2s 组）中深井，建成日产达 $200\times10^4\,m^3$（实现中稳产）；2000 年新 851 井须二日产超 $50\times10^4\,m^3$，实现深后备的目标。

（2）新场气田实现了"以多取胜，积贫为富"目标，其 J 系开发的层位，从 J_3p^{3-1}—J_2s^{A-E}—J_2q 组已有 9 个开发层段，含气砂体纵向累计厚度平均大于 150m，日产大于 $200\times10^4\,m^3$，已稳产 10 年。2008 年在 J_2s 组一场五井，日产气大于 $40\times10^4\,m^3$，在 $42km^2$ 内，仅中浅层（J 系）日产超过 $300\times10^4\,m^3$。这个规模是两大石油部门，在川西深层找了近 50 年也未建成的。

（3）新场的中浅层资源在川西有一定的代表性。烃源、储层、压力系数有类同、有差别，但无本质区别，都遵循"气化"成藏机理与性质。也就具有同类的运作模式的基础，创造更先进的建产方法，如一井多层分压合采及井下节流等技术。

3. "渐进有道"，中浅层开发垫底支援深层勘探

（1）地质认识之道：资源查实由浅到深，由易到难。

（2）技术探索之道：技术是无尽头的，需逐渐探索创新。须家河建产方式是当前大难题，仅靠自然缝，是难以形成规模产量的。是压裂还是酸化，什么技术最好？有个探索、引进过程。遵循先科研后技术再生产程序，才会取得事半功倍的效果。在勘探开发中浅层的同时，着手研究深层地质和有关技术问题，这才是渐进创新之道。

（3）资金运作之道：利用中浅层气售后积累资金，可以引进、创新技术，在高起点上探索深层陆相、海相资源及勘探技术。

总之，创新的思维、渐进的运作，是于理于情之道。

结　语

撰文思路：归其状，寻其理，问其性，思其用。

石油地质：宏观有规律，微观多变数，预测取宏观，实践中完善。

成藏之道：生有地，运有道，聚有库，散有路。

开发之道；整体着眼，先易后难，楼式开发，丛式建产。

结论：气道非常道，有道观其徼，无道观其妙。

参 考 文 献

［1］周玉琦，易荣龙，舒文培，等. 中国石油与天然气资源［M］. 武汉：中国地质大学出版社，2004.

［2］王金琪. 超致密砂岩含气问题［J］. 石油与天然气地质，1993，14(3)：169-180.

［3］地质矿产部西南石油地质局. 四川盆地碎屑岩油气地质图集［M］. 成都：四川科学技术出版社，1996.

［4］符晓，舒文培. 四川盆地西部天然气资源与勘探开发［M］. 武汉：中国地质大学出版社，2000.

［5］李会军，张文才，朱雷. 苏里格气田优质储层控制因素［J］. 天然气工业，2007，27(12)：16-18.

［6］符晓. 川西三套成藏系统及勘探研究［J］. 西南石油大学学报(自然科学版)，2004，26(6)：13-16.

［7］符晓. 理论·经验·思维与成藏预测［A］//世界学术文库［M］. 北京：中国言实出版社，1999

Ⅲ-2　四川天然气产业概况及前景探讨[*]

符　晓

石油天然气是工业血液，全球竞争激烈，既是第一次和第二次世界大战的祸根，也是美国借反恐为名侵占中东油气资源而进行伊拉克、阿富汗战争的目的。

面对我国油气产业的严峻形势，国务院下发"国发(2010)13号"文件，引起在座诸位领导的关心和重视。受托在此谈点我们的想法，供领导们参考。

一、形　　势

从全国到四川是个什么样的形势呢？

油：形势严峻，等米下锅，年用油量约 4×10^8 t，进口油大于 50%，已经接近国家的安全极限。

气：可用四个"大"概括，即：资源潜力大，市场需求大，开发难度大，用气缺口大。

1. 资源潜力大

(1)全国常规气资源 $60 \times 10^{12} \sim 70 \times 10^{12}$ m³，探明约 $5 \times 10^{12} \sim 7 \times 10^{12}$ m³，仅占 $8\% \sim 10\%$；非常规气资源包括页岩气和可燃冰，为常规气的 $2 \sim 3$ 倍，中国占有量为全球第三位，近年在青藏高原发现可燃冰，其资源量相当于 350×10^8 t 原油当量。页岩气开发，截至 2007 年底，美国在 5 个盆地打井 42000 口，年产气 450×10^8 m³，单井平均 0.3×10^4 m³/d。近年来由于新技术的运用，单井产量提高到 $0.5 \times 10^4 \sim 10 \times 10^4$ m³/d。我国常规油气三大板块(塔里木、华北、扬子)占全国油气资源的 60%，见图 1。

(2)四川油气资源为 $8 \times 10^{12} \sim 10 \times 10^{12}$ m³，探明 $1.8 \times 10^{12} \sim 2.0 \times 10^{12}$ m³，占四川油气资源储量的 20%；页岩气约为常规气的 $2 \sim 3$ 倍，总共有资源 $20 \times 10^{12} \sim 30 \times 10^{12}$ m³，现年产量小于 200×10^8 m³。

---

[*] 论文注释：论文撰写于 2010 年 5 月 20 日。

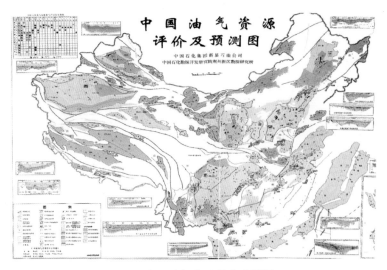

图1　中国油气盆地综合成果图

图2　四川气田分布

2. 市场需求大

我国年产气约 $900\times10^8m^3$，预测 2020 年需求达到 $2500\times10^8\sim3000\times10^8m^3$，为现在用气需求的 2~3 倍。四川用气需求现状小于 $200\times10^8m^3$，10 年后将增加 3 倍，即 $600\times10^8m^3$，以每年 15% 的需求量增加。成都用气量 $400\times10^8m^3$，缺 $100\times10^8m^3$，已影响投资！

四川用气分布情况，现城市居民年用气量 $50\times10^8m^3$，只有三分之一的人在用气，还有三分之二的人没有用上气；化工用气约 $50\times10^8m^3$；余下的就是汽车和外销。在未来 10 年内外销各 $300\times10^8m^3$ 以上，年产气量就要达到 $600\times10^8m^3$ 以上。

3. 开发难度大

难度与国外对比：

(1)地质条件差。埋深、分散(丰度低)、含 H_2S ，中高丰度多在 3000m 以下。而北美、中东埋浅、丰度高，如俄国乌连戈伊气田 K＋J 层，埋深小于 3000m，面积 $4000km^2$ ，储量 $11.2×10^{12}m^3$ ，大于四川的常规气藏。其中的 K 埋深小于 1250m，储量为 $4.85×10^{12}m^3$ ，约为我国探明储量的 70%。

(2)技术条件发展慢。4000m 以上深井，全套设备基本靠进口，工艺技术影响成本和产能。如新场××井日产气 $40×10^4 \sim 50×10^4m^3$ ，因进口油、套管，但套管头自制，井口出现了 105℃ 高温，因膨胀系数不同导致漏气，被迫压气，不慎封井，共损失数亿元；又如苏格里气田水平井，垂深 3400m，水平段长 800m，原钻井周期 151 天，而引进新技术后钻井周期缩短至 51 天。

(3)建井成本高。现国有企业川西某气田打一口 5000m 深井成本约 7 千万～8 千万元；打一口 5000m 水平井，水平段 400～500m 成本约 1.2 亿元。这样的高成本导致低贫矿无法开采。

4. 用气缺口大

(1)优质能源需求加速。城市化：市民用气年增长速度上升 15%。环保、化工用气奇缺。

(2)全国用气量增长速度加快，由 $1000×10^8m^3/a$ 上升到 $3000×10^8m^3/a$ (10 年)，每年耗 3 个千亿大气田。

(3)解决方法：一是进口，如 2009 年向俄国等上海合作组织成员国签订 $100×10^8 \sim 300×10^8m^3/a$ 进口合约，只相当于 2020 年需求量的 10% 左右；二是加快开发大面积低贫矿，需要加快开发就要调整政策、思路和引进技术。

二、四川红层气勘探开发前景

为什么提出红层？《西南石油报》3 月 20 日刊登记者调查的一段话："多年实践证明，川西红层找气，是至今投入最少，难度最小，效益最好的领域"。为何难以引起国有企业的重视呢？主要是单井产量低，建功立业慢，认识亦欠全面。作为民营企业，从长远利益看应集小成大，积少成多。

红层气特点：盆地结构，烃源丰富；气化成藏，低丰面广；有采有补，低产期长；不采则散，浪费污染。

1. 产业两段好

(1)资源好：面广、量大、质优。

面广：全川 $20×10^4km^2$ ，含气面积占三分之一，约 $6×10^4 \sim 7×10^4m^2$ 。

量大：全川气资源 $3\times10^{12}\,\mathrm{m}^3$ 以上，川西约 $1\times10^{12}\,\mathrm{m}^3$。

质优：不含 H_2S。

(2)市场好：有气不愁销，优质气可就地销售。

2. 勘探开发难度小

井浅(3000m 内)，新技术发展快且成熟。描述、水平井、压裂技术等方面可借鉴的经验多，在新场气田、长庆气田均有运用。如长庆气田的水平井分段压裂等技术提高单井日产：在长庆气田有名的三低区域(孔隙度 $5\%\sim12\%$，压力系数 0.87，丰度 $1.4\times10^8\,\mathrm{m}^3/\mathrm{km}^2$)，井深 3400m 左右的建井周期 150 天，日产 $0.7\times10^4\sim2.0\times10^4\,\mathrm{m}^3$，单井采气量 $1.0\times10^7\sim3.0\times10^7\,\mathrm{m}^3$；后引进壳牌公司汇总美、英、法等国 20 多项一流专业技术搞"集成创新"，在大位移双分支水平井实行水力空化喷射钻井和分段水力喷射压裂技术，其建井周期缩短到 51 天，单井日产提高到 $10\times10^4\,\mathrm{m}^3$。这一降一升两个数据就将长庆区块建成了年产超过 40 亿的大气田，表明此产业技术开发空间、平台、潜力很大。

四川红层气勘探开发技术成熟：即 3D3C 查找气库；水平侧钻，扩大渗面；分压合采，集贫为富；井底节流，减小回堵。

3. 投资风险小，启动资金少

启动资金：如选区块单独搞需 1.0 亿元，预测资料、物探等前期费用小于 1 千万元；$1\sim2$ 组井，$4\sim8$ 口井，井深在 1500m 以内，资金需求小于 5 千万元。一个井场不理想，还可选择另一个井场打井。

风险小：成功率大于 80%，年利率大于 20%。预测 1500m 内井深，单井日产 $0.8\times10^4\,\mathrm{m}^3$；丛式井日产大于 $2\times10^4\,\mathrm{m}^3$；水平井日产大于 $1.5\times10^4\,\mathrm{m}^3$；累计日产 $4\times10^4\,\mathrm{m}^3$，年产气 $1440\times10^4\,\mathrm{m}^3$，销售单价按 1.5 元$/\mathrm{m}^3$，一年收入 2160 万元，3 年内就可收回成本。

4. 建井回收资金快，低产持续时间长

三年回收成本的概率大于 80%，低产期长，如 $1\times10^4\,\mathrm{m}^3$ 以上日产井降至 $0.2\times10^4\sim0.3\times10^4\,\mathrm{m}^3$，可持续采 $5\sim8$ 年，此间投入成本很低，为产值的 10% 左右。

三、运作风险分析

此系统工程试用圆点导图讨论。

1. 新场公司实践"首尾归一"示意图

1)新场气田实效(1994 年 8 月～2009 年 12 月)说明

区块：$42\mathrm{km}^2$，见图 3。

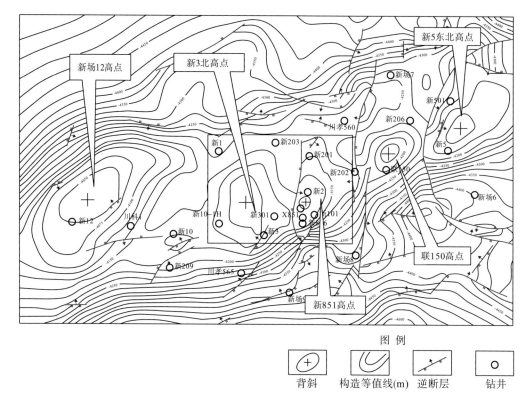

图3　须家河组二段顶面构造图

投资：7个单位共投资8200万元。

打井：200余口，储量约$600×10^8 m^3$，地区高产井5口，其中发现井2口，见表1。

表1　新场5高产井2发现井采气情况表

井名	层位	井深/m	日产/$10^4 m^3$	采气量/$10^8 m^3$	备注
新77井	J_3p	1000	10	1.24	
新804井	J_2s	2400	8~10	1.21	
新806井	J_2q	2600	30	1.93	发现井
新851井	T_3x	4800	48	2.3	发现井
新856井	T_3x	4800	50	3.14	

销售：共计$66.0×10^8 m^3$，收入31.4亿元（批发价格0.5元/m^3，让利股东）。

利税：利润14.2亿元，税收5.2亿元。

全员劳动生产率：165.2万元。

最高年产量：2007年，$8.31×10^8 m^3$。

2）首创技术

(1)河道砂岩储层描述(1995年)。

(2)水平井，新901井水平段长321m(1997年)。

(3)浅层丛式井，新701-(1~4)井。

(4)J_2s组压裂技术，新808井、新811井日产分别由2000m^3、300m^3均提高到$7×10^4$~

$10 \times 10^4 \mathrm{m}^3$。

(5)钻井成功率由 30% 提高到 98%。

它是如何运作的呢？图 4 是公司五年实际运作图。

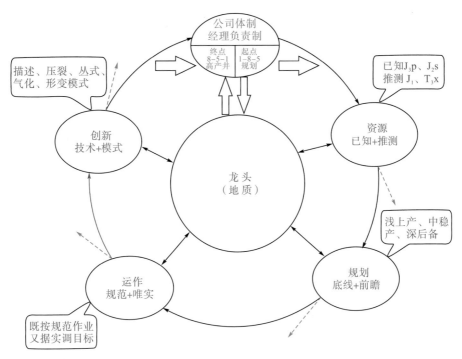

图 4　新场公司实践"首尾归一"运作示意图

(1)"1-8-5 规划"1995 年初拟定，即在 $42 \mathrm{km}^2$ 内，五年建成探明储量 $100 \times 10^8 \mathrm{m}^3$，日产气 $80 \times 10^4 \mathrm{m}^3$。

(2)"851"为 851 井，是第五年末打的第一口深井(须二段)，日产气约 $50 \times 10^4 \mathrm{m}^3$，加浅井累计建产超过 $200 \times 10^4 \mathrm{m}^3 / \mathrm{d}$。

(3)如何得此成效？按图示走曲线，方可回到起点。

2. 川西红层气的勘探开发，如何思考其风险与相关环节？（如图 5 所示）

(1)欲以传统文化圆满出发，用走曲线的哲学思维方法将系统工程统归一个导图中。

(2)图中有圆、有点，点中有圆，有主有次，主从协调，个个圆满，方能回归实现大圆满。

(3)有利系统工程运行，有利职责落实。

四、如何启动？

信心＋合作。

有天时：国策。

有地利：资源、市场。

有人和：有在座各位领导的智慧和底气，将会创出四川红层气开发的又一个春天。

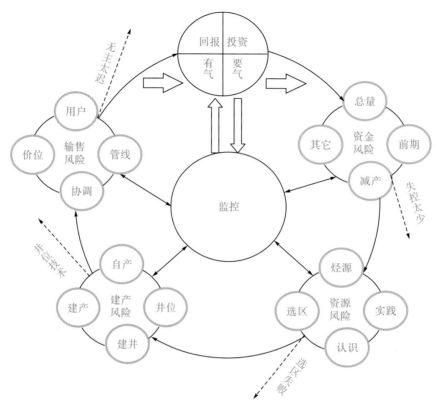

图 5　"首尾归一"圆点模式示意图

Ⅲ-3　川西三套成藏系统及勘探研究[*]

符　晓

（中石化西南石油局，四川德阳 618000）

经十年多的探索，新场气田的油气勘探开发在致密碎屑岩领域浅、中、深立体勘探开发中，已取得了初步成效，尤其是 2000 年底新场公司组织实施的新 851 井，在须二上段获得了高产（$180 \times 10^4 m^3$）、高压（套压 41MPa）、高温（井口 102℃）于一孔的全国陆地上第一井。由此反思：川西地区资源总量到底有多少？川西地区纵向上有几套含油气系统？以怎样的思维方式和技术去认识和勘探？

一、川西资源丰富

从有机烃源看，目前研究其资源量为 $6000 \times 10^8 \sim 14000 \times 10^8 m^3$ 天然气，仅指上三叠统资源量，而该区约 4000m 的海相地层，尤其是志留系（S）生油气量，尚未见研究成果；二是从无机烃源考虑，川西地处四川块体和甘孜—松潘块体离合部，断裂深切地幔，会有深源烃上移到盖层中，川绵 39 井须二气中发现 CO_2 含量 28.25％，N_2 含量 8.24％，还有氦、氩等惰性气体与威 28 井相似。总的想法，是以开发式思维，在更大的地质空间范围探索其烃类资源量。

二、三套成藏系统的提出

新场气田从白垩系剑门关组（K_1j），到侏罗系（J）至须四段（T_3x^4），已发现数十套含气砂体。侏罗系的可采储量超过 $400 \times 10^8 m^3$，其储层为陆相河道砂体，单个砂体规模小，单井产量低，压力系统由浅到深，由 1.2 上升到 2.0，均属于气，有共同烃源（Ⅲ型干酪根），气质纯，不含 H_2S，微量 CO_2，属构造控制下的岩性圈闭。而新 851 井揭示的须二气藏，虽属碎屑岩储层，但其规模大、产能高，天然气中含 H_2S（$4mg/m^3$）、CO_2（$25.15mg/m^3$），烃源属Ⅰ、Ⅱ型干酪根。压力系数 1.6，与侏罗系有较大差别，它们是两个由不同地质因素（烃源岩、圈闭）控制的成藏系统。新 851 井的气源可能有一部分来自深部海相地层。这预示着新场气田深部海相地层可能有气藏存在，从中坝气田须二气

---

* 论文注释：论文于 2004 年 12 月公开发表于《西南石油学院学报》第 26 卷第 6 期。

藏下面有 T_2l 气藏，河湾场有 P 气藏。川合 100 井，在 T_6 界面下，澡白云中遇到气显示（未测试）。这些现象说明川西拗陷深层海相是一个潜在的、有别于上部两个含气系统的海相找气领域。邻区初步勘探，其烃源属 I 型气藏，以岩性圈闭为主，埋深在新场气田，预计 5400m 左右可以揭开。

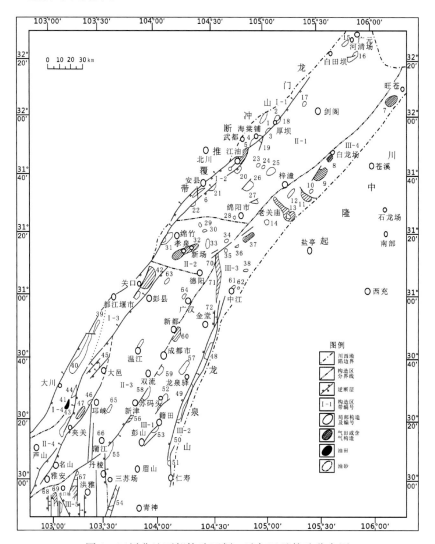

图1　四川盆地西部构造区划、油气田及构造分布图

上述情况表明，川西整个盖层中，从烃源到圈闭、从下往上大致可以分为三套油气系统，不同系统的油气藏都应受控于不同的地质事件，该区沉积盖层中近万米的含气层系，受控于哪些地质事件呢？查读川西上古生代以来的构造运动演变及川西前陆盆地发生、发展及萎缩的地质事件[1-5]，产生了这样的思维：上述几套油气层系分别与盆地前碳酸盐岩台地构造及前陆盆地发生、发展到萎缩存在着直接关系，构造运动控制着前陆盆地的发生、发展与萎缩，而盆地演变的不同阶段控制着油气藏形成的物质基础和圈闭类型。即不同地质事件形成不同烃源岩及圈闭类型，于是产生了"川西地区三套成藏系

统"的概念,这个概念是比川西盆地小,又比几个聚气带大的范畴,它包含生烃凹陷和聚气带,以及在这个范畴发生的油气"生、运、聚、保、散"整个地质过程。从而把川西地区纵向上不同特征油气藏受控于不同地质事件的情况统一起来[6]。

三、川西地区三套成藏系统及特征

川西地区沉积盖层是建立在元古代澄江期、晋宁期等的结晶岩、变质岩,其力学性质较川中软弱的基底之上。这个盖层,经新场气田勘探实践的初步揭示,它包括三套不同特征的成藏系统。

(一)海相台地碳酸盐岩为主的沉积、形变成藏系统

该系统包括 S、D、C、P、T_1、T_2 的含气层系。从已发现中坝气田的雷三(T_2l^3)气藏,河湾场、九龙山、平乐坝二叠系(P)气藏来看,具有以下特征:

(1)属以腐泥型有机质为主的生、储、盖多套组合的原生油气藏(埋藏较浅的龙门山推复体下,不排除有油藏存在)。

(2)储层类型:有针孔白云岩、鲕状灰岩、生物礁(如九龙山 P、丰谷 89-42 线上 T_6 下的异常体)及裂缝性灰岩等,属于岩性圈闭为主的油气藏。

(3)在川西前陆盆地分布普遍,"冲、陷、坡"三带都有分布(图 1)。

(4)储层稳定,厚度较大,气藏规模以中、大型气藏为主。

(5)工作难度大,物探、钻探、采气工程要求高,属高风险、高效益领域。如龙 4 井钻遇二叠系(P)高压高产,未能投产。

(二)海陆转化枢纽沉积形变成藏系统

该系统包括 T_3m、T_3t、T_3x^2、T_3x^3(发现半咸水双壳化石)的含油气层系。已发现的新场、中坝、平落坝、合兴场等气田,即在前陆盆地的"冲、陷、坡"三个带,均发现储量超 $100×10^8m^3$ 的中大型气藏。它的特征是:

(1)烃源丰富Ⅰ、Ⅱ、Ⅲ型均有,以Ⅰ、Ⅱ型为主,即有自生的,又有上下烃源层位供给的。

(2)以须二段为主的储层分布普遍,"冲、陷、坡"三带已有钻遇,厚度数百米,单层厚达 200m 以上,系滨海三角洲分流河道沉积,还可望找到生物灰岩储集层,储层溶蚀孔发育。

(3)盖层厚度大,保存条件好,在西部"冲断片"区,只要有须三段地层都可望找到气藏。

(4)经历构造幕次多,形变强度较大,在孝泉、新场、丰谷构造上的 T_5^1、T_6 两反射界面比上、下两个系统形变都强。易形成若干类型圈闭,一方面早期可望成为古构造气藏;另一方面,后期因地应力的多期作用,对储层有较好的改造甚至重组作用。

(5)勘探深度可及,前陆盆地三个带,均在 5000m 内可钻达。

概括起来,该系统是"富烃源、大储层、厚盖层、多形变"最好的海陆转化枢纽型成藏系统。

(三)陆相碎屑岩沉积、形变成藏系统

该系统包括 T_3x^4、J_1b、J_2q、J_2s、J_3p、K_1j 含油气层系,在川西拗陷、斜坡两个带已发现近十个气田,仅新场气田就发现近千亿方的地质储量。它的特征:

(1)烃源丰富(Ⅲ型干酪根),既有原生层系(T_3x^5、T_3x^4),又有远源供给,气质优。

(2)储盖层多套组合,属湖泊、河流沉积碎屑岩系统。

(3)全区分布广泛,埋藏浅,勘探难度小,风险小。

(4)储层厚度小,分布不稳定,单个气层小,单井产量低,小型分散。

(5)该系统下部须四段的中上部,既有厚达 50m 砂岩储层,又有 10～30m 厚的钙屑砂岩或介屑灰岩。

这里将须四段放在此系统,是因其气层特征,河流砂体为主,不稳定,高压力系数,埋深小于 3800m,与 J_2s 等类同。

上述三套成藏系统,在川西三个构造带,都已发现超百亿立方米的大气藏。现在已找到的气藏储量,仅为资源总量的 10%～15%。

四、三套成藏系统的成藏机制探讨

构造旋回是铸造油气藏的物质基础和构造形变的动力。

(一)峨眉地裂运动,铸造了川西地区碳酸盐岩台地油气系统的物质基础及形变雏形

加里东期以唐王寨为代表的 D、S 系,沉积了上千米海相生油岩系,海西期广泛沉积了浅海含油气建造。在四川盆地内,由于峨眉地裂运动导致康滇地轴再次隆起,其东侧浅海台地岩相变化带区,可形成环礁或点礁,如川东建南、川西北九龙山的生物礁。2002 年在川北通江河坝 1 井发现 P_2 生物礁,预测川西江油、绵阳、绵竹、德阳等前陆盆地中,也有望找到礁体,如丰谷地震 89-42 线,$t_0=2.65s$ 之下,有一个高 300m、宽 5km 的异常体,暂未知是否属于生物礁之类。

(二)印支旋回铸造了川西地区海陆过渡枢纽相含油气系统的物质基础及形变雏形

从 T_2 顶到 T_3x^3 顶经历了印支早、中、晚三幕,导致了前陆盆地的形成。

在印支期扬子板块西移,在四川板块西缘和甘孜松潘块体之间发生了"陆内"俯冲,继而形成前陆拗陷和龙门山的冲断隆升(图 1)。此间既沉积了海相碳酸盐岩,又沉积过渡性的滨海三角洲河道砂岩,及湖沼页岩沉积等生、储、盖成藏系统和形变雏形。以后各构造幕强烈挤压,导致褶、断、破各式油气圈闭,其分布广、规模大。

此次构造活动，既改善了下部海相成藏系统，又为陆相河湖成藏系统的形成奠定了基础。

（三）燕山旋回铸造了川西地区陆相碎屑岩油气藏的物质基础和形变的雏形

印支晚幕（安县运动）之后到燕山运动早、中期，由于太平洋板块的斜向推动，使扬子块体向西俯冲，龙门山向东逆冲，上升为带状山链，导致了川西前陆盆地持续沉降与沉积，形成多套巨厚碎屑岩为主的生、储、盖组合及形变雏形。

上述三套成藏系统的物质基础，都萌发于几个古构造幕构造层，而燕山晚幕及喜马拉雅旋回的多次隆、挤造山运动中，对它们起了什么样的作用呢？

从燕山晚幕、喜马拉雅运动至今，发生着更大的俯冲、抬升、断褶和剥蚀，对三套构造层中的成藏系统进行着改造和破坏，由于该区隆升幅度大于褶皱幅度，其改善作用大于破坏作用，尤其拗陷和东坡的深部含气系统。

由于地应力各期主应力方向不同，但在隆升为主地区都集中在地质体已发生的形变破裂处，便形成了上下构造层形变方向虽异，却同步隆升或圈闭于一地之现象，如新场、合兴场、丰谷等构造，从 T_6、T_5^1 到 T_4、T_2 各层系的构造长轴方向与断裂方向并不相同，但上下高点都在一个隆起带上。

对于古今构造运动在油气成藏中的作用，应该如何思考呢？笔者认为：凡事都有"本"有"末"。从物质基础讲，古构造幕是主要矛盾，是"本"；从形变强度讲，今构造活动大幅度抬升，对全区成藏有重要作用，尤其是浅层气；而从某个具体构造或构造层讲，有古强今弱的，也有古弱今强的，其成藏作用，也就有主、有次，或者说是改善大于破坏，或者说是破坏大于改善。

新 851 井钻遇须二气层的巨大渗滤系统，便是在大储层古聚集的物质基础上，经过多期次、多方向构造活动的改造及与破裂形变同步效应的溶蚀、扩溶等储层改善作用，才形成比较发育的溶蚀孔隙及纵横交错的巨大渗流系统。

五、川西天然气勘探思路及技术、工艺

（一）勘探层位和区块的探讨

川西地区近三十年来的油气勘探，从深度和领域看都经历了两个不同阶段。20 世纪 70~80 年代中期，以深层印支旋回期构造层为主。20 世纪 80 年代中期到 20 世纪末，是以中、浅层燕山旋回期构造层为主。从 21 世纪开始，由于新 851 井突破，深层又开始启动。

这里又向我们提出了值得思考的新课题：川西地区勘探至今，浅、中、深层及三套含气系统应该如何运作呢？

还是从新场气田的实践谈起。新场气田地质储量已过千万立方米，包括浅层、中深层、深层三个层次，是经历了一个从浅到深、从易到难的过程。这个实践似乎给了我们两点启示：

第一，前陆拗陷区块，浅层、中深层、深层都可以找到储量超百亿立方米的大气藏，在东部斜坡带也有望找到浅、中、深气藏。

第二，那些浅、中、深多层次、多领域叠合的正向隆起区（带）是寻找大气田的首选目标。

结合前述三套油气系统和新场气田实践来看，笔者认为：

（1）纵向上，三套含气系统及浅、中、深层都要重视。在不同地区具体地质条件下，各系统都有望找到气藏。如新场气田浅层 Jp^2 气藏，在新 77 井单井自然产能日过 $10×10^4m^3$，累计采气超 $1×10^8m^3$ 高产井；新 806 井中深层 J_2q 组初产大于 $30×10^4m^3$，产气近 $2×10^8m^3$。上述两例表明，浅层和中深层也有高产井或较大气藏。宏观讲，浅层贫矿多、富矿（高产）少，但风险小；深层总体高产多，但也有低产，风险大。凡事"过犹不及"，当勘探深层时，不放弃浅、中层；在勘探开发浅、中层时，不忘深层。这就是新场公司的经历和启示。

（2）横向上，各含油气系统如何叠合组装，受前陆盆地"冲、陷、坡"结构带的客观存在所控制，初步勘探实践趋势是：

A. 西部冲断片区（安县冲断片、关口冲断片），以海陆交互相系统和海相台地系统为主，即 T_3、T_2、T_1、P 为主要目的层系。

B. 拗陷带，以绵竹低凸区为主，含气层系从 $K_1j—T_2l$，三大成藏系统，但以陆相、海陆交互相为主，兼顾海相上部领域，如 T_2t、T_2l 组。

C. 东部斜坡带，以合兴场、丰谷构造为主，可勘探 $J_3p—P$ 含气层系，但以 T_3x 为主，兼顾 J、T_2l、T_1j 及个别部位的 P_2，如丰谷构造 T_2 顶，其 $t_0=2.39s$，井深 4800m，可揭开 T_2l 统；在 $t_0=2.67s$，井深 5600m 左右，可打到 P_2 地震异常体。

（三）勘探战略、战术探讨

战略上：从该区整个沉积盖层着眼，从三套成藏系统着手，在进行总体评价基础上，按系统分区分类、排队、进行系统有序的工作。①地质研究及物探工作，从查明盆地结构着手，摸底、查源，尤其推覆片下还是盲区。该区有无类同于塔北克拉 2 号气藏可找？若实践中一旦发现有利勘探目标或富集带，就执着地进行工作。②钻探工作以新场为突破口，东上坡，西上山，两侧展开，评价整个带。并通过 2～3 口参数井取得三套油气系统的可靠资料。

战术上：①地质、物探工作从宏观着手，微观着眼，取得一个孔、一个片的经验后，再展开。②工程工艺上要按不同成藏系统的特征，分别论证、储备配套的建井、建产、试采技术系列。

总之，油气藏的形成与勘探问题，正如古人说的"常有欲以观其徼，常无欲以观其妙"。

参 考 文 献

[1] 王金琪. 龙门山构造演化与山前带油气关系[J]. 地质学报，1994，（Z2）：3-4.

[2] 郭正吾，邓康龄. 四川盆地形成与演化[M]. 北京：地质出版社，1996.

[3] 符晓，舒文培. 四川盆地西部天然气资源与勘探开发[M]. 武汉：中国地质大学出版社，2001.

[4] 罗志立. 地裂运动与中国油气分布[M]. 北京：石油工业出版社，1991.

[5] 何登发. 前陆盆地分析[M]. 北京：石油工业出版社，1996.

[6] 地质矿产部西南石油地质局. 四川盆地碎屑岩油气地质集团[M]. 成都：四川科技大学出版社，1996.

Ⅲ-4　关于川西天然气勘探开发的几点看法[*]

符　晓

西南石油局党委，薛书记，徐经理：

　　您们好！辛苦了！

　　喜获新 856 井又找回新 851 井百万高产，及大深 1 井气体钻进提高 7~8 倍的钻速，极为高兴。在此，地质老兵向领导及西南石油局全体职工表示诚挚祝贺！

　　两项成果预示着，近期中石化提出四川"大干、快上"，到 2010 年川西建成年产 $60×10^8 m^3$ 的天然气产能，以及在全川要建成年产 $100×10^8 m^3$ 的构想是有资源基础及技术能力的。

　　当初听到这个规划一是吃惊，二是质疑，经过近半个月的"温故思新""以知见隐"的思索后，顿觉规划是中石化西南石油局领导集天时、地利、人和于一体加创新思维的成果。"规划是财富"，是催人奋进建设大气田的航灯。只怨吾已老矣！力难从心，不便参与实践。只就如何实现其规划谈点想法，以表心愿！

一、资　源　潜　力

　　资源明，决心大。川西局属区块到底有多少资源？"九五"课题仅以川西隆起带圈闭面积 $692km^2$ 内资源为 $6000×10^8~14000×10^8 m^3$，它不包括浅层($J_3 sn—J_3 p$)及海相地层，经笔者实践与预测，这个资源仅为其中的一部分，在 $500~7000m$ 的地质体内，最终可望找到天然气在 $20000×10^8 m^3$ 以上。尤其川西海相领域，局属区块还是盲区，区域地质资源表明，它亦有川东北类同的地质条件，有望找到大气田，甚至不排除找到川东北"普光""铁山坡"似的大气田。四川盆地不缺天然气资源，缺的是找气思路与技术。

二、整　体　评　价

　　调整勘探评价思维，改传统"重树木，轻森林"为从川西上万米厚的整个沉积地质体出发，对三套成藏系统的"大森林"进行整体评价，对森林中大小树木一并查找。现

---

　*　论文注释：论文撰写于 2006 年 3 月 15 日。

已发现从浅到深数十套含气层系，是由于深部烃源富，纵向储盖组合多，上部500～6000m地质体中无严密的膏盐层分隔，在泥、砂岩剖面中天然气纵向广泛扩散，渗漏很普遍。勘探中表现出的是"满构造含气"，纵深数千米地层都含气的特点。努力避免"守株待兔，卦一漏十"的唯目的层，唯设计论，勘探中还是把"唯实而策"作为上法。

三、近 期 目 标

规划需要我们尽快明确近期大目标，只有目标准、明，投资、技术方能集中，没有重点，便无政策。何处是近期的大目标呢？标准是什么？是压力，是勘探中从浅至深获得的实际地层含气压力大小。不是某某储层的孔渗性，更不能以现在是否拿到产能为标准。有聚才有压，有压必有藏，无储便无压，超压是烃源的信息，超压是有效储层的标志，超压大小也是封盖能级大小的标志。新场公司成立时，坚持把J_2s组作为中稳产的目标，就认定有压力系数为2.0的超压，有数套10～30m厚孔隙度达10％储层，经过开道压裂，终成大局。以超压指标评价、筛选，川西现实较大目标在何处？在以丰谷为首选的三个带上，即丰谷—罗江—新场—孝泉带，玉泉—合兴场—石泉场构造带，绵竹—鸭子河—大邑构造带，是目前勘探程度相对高的含气带，如丰谷构造，笔者20多年一直看好，至今不悔。从川丰563井实践情况，更坚信是具有从浅到深，从陆相到海相，可望建成大型整装气田的大目标。丰谷构造实际已达到开发的程度，已查明含气数十层，已钻五口深井，口口井有气流，不能获产不是无气，而是"孔准、道通"两项技术的指标未达标。

四、立 体 勘 探

川西地区气层相对分散，单层规模大的少，中小气层多，积少成多，以多取胜。立体勘探开发，有利于加快查明资源，降低风险。新场公司当初规划时，作出的"浅上产、中稳产、深后备"，经过5年时间到2000年12月新851井出气（深后备）全部实现。实践证明，川西的三套含气系统，从南到北、从东到西，各系统均可望找到工业气藏。若勘探海相，丰谷应是三个带的首选目标。

五、一 场 多 孔

在一个井场，平面上实行同层多点，纵向上一场多层位，即实行一场多层，多孔建产，利于中小资源同时利用，利于节约土地，利于减少污染，利于节约建井场及采气成本。川西第一批丛式井、水平井是新场公司1996年开始的，现已建成一批1场4～9口丛式井井组。

六、一　井　多　支

如何提高单井产量是人们长期追求之事，除了客观地层条件外，还可以实行一井入地、分支建产的办法。此技术 1996 年笔者在加拿大访问时，见其配套设备与实施情况，认为这一方式最适合川西陆相地层孔渗差、丰度低的地层，既能提高产量，又能节约建井时间，减少环境污染。只要有创新思维加现代技术，用"地道战"方法开采分散中小资源是可行的。所谓多支包括直井、定向斜井、水平井等。

七、保产与安全

建立保护产层与生产安全的新观念，首选气体钻进，次作负压钻进。特殊情况下作微超压钻进的，要有防止伤害产能及重新打开产层的措施。用技术、管理保安全，牺牲产能保安全的"过犹不及"之法不可取，而当安全到不顾气层死活，就是极端。笔者估算，近几年一批深井中有近 50% 的井是因储层保护不够，过后又无力再造缝所致。

Ⅲ-5 川西侏罗系红层次生气田发现浅析 [*]

符 晓

（德阳新场气田开发有限公司）

20世纪60年代中国东部在大庆等地发现陆相碎屑岩油气藏后，在地质家头脑中形成了一套埋藏浅、物性好、压力低陆相碎屑岩成藏模式及勘探方法；20世纪70年代川西北中坝构造发现须二气田后又形成了在古构造圈闭，近油气源成藏模式及适合其厚度大稳定目的层的勘探方法。队伍进入川西拗陷，它的成藏模式及适合其特点的勘探方法是什么？历经十多年，在近10个圈闭上，经过超深井、深井数十口的艰苦探索后，发现了井深500~5200m井段，各构造从气源层到红层都有不同级别的油气显示，流体普遍超高压，砂层致密，产能差别大。这些现象表明，川西拗陷内从气源层到红层都各有独特成藏富集模式及适合其特点的勘探方法。对原东部及中坝等气田形成模式及勘探思路，要进行调整或发展。

（1）川西气源层。经大量岩心、气样资料研究表明，该区侏罗系红层中的天然气与须家河组天然气同源，是须家河组煤成气。主要是须五段、须三段、煤系地层，厚度较大（2000~3000m）。仅须五段生烃丰度高达 $60 \times 10^8 \mathrm{m}^3/\mathrm{km}^2$ ，而且煤成气是一个漫长而持续的地质过程，深埋2700m以下的煤系地层中的煤、炭质页岩至今仍不断裂解变质，产生烃气，并在超高压动力作用下向上覆地质体扩散、渗流，"气化"着上部红色岩系。

（2）在气源层之上的2000~3000mm红色陆相碎屑岩（以泥岩为主）经实钻孔隙压力证明，已被"气化"，并且有较高饱和度（10%~50%）。在构造隆起带或岩性圈闭具有一定基质孔隙的砂层，从上至下，按其封盖能级形成丰度各异的气层，一旦砂层与裂缝断裂结合（在相对封闭条件下），便可形成中高产气流。气层的展布与纵横向分布的分流河道、河口坝等砂体展布一致，具有成群、成带分布，单层小、跨度大、覆盖面广的特征。

（3）适合上述成藏特点的勘探思路与方法是什么？

A．调整目的层的概念，扩大目的层范围。

a．普查阶段，在"气化"地质体系中，凡能聚集天然气富集成藏、钻探可望获得工业气流的岩层，均属找气目的层；

b．将原拟定须 T_3x^2 唯一目的层扩大到须 T_3x^4、J_2s、J_3p 组，将川西拗陷红层首次提出作为找气目的层。

B．"辩证地对待古、今构造"。1984年地质总体部署设计书中，提出了"辩证地对

---

* 论文注释：论文于1997年公开发表于《致密岩石气藏勘探开发》第4期。

待古、今圈闭"，即由于煤裂解成气是一个长期过程，运移也是长期的，早期构造圈闭、晚期构造圈闭都有机会聚集、捕获运移中的烃类气体。因此明确提出：川西拗陷内"四川运动形成的圈闭构造，也是该区 J—T_3x 油气勘探的重要目标"。

C. 将面积部孔调整成沿圈闭中的裂缝，断裂发育部位部孔。由于川西拗陷成岩变质程度深，砂岩致密化，工业气流依赖于裂缝系统的配置，有类同碳酸盐岩在断折处获高产(应力集中裂缝发育区)。按此观点先后在孝泉构造东南翼转折处储层的裂缝成矿特征，总结川西北中 4 井、龙 4 井、拓 4 井获产实况后，便在构造东南翼布的川孝 104 井、川孝 106 井及合兴场地震 T_5^1 圈闭内靠断层处布的川合 100 井都获得工业气流，成为发现井。

D. "重视录井，抓好机遇"。在钻井实施中，将"唯目的层论"，调整为"有目的层，不唯目的层论"，即"唯实而策"。这是因为宏观评价一个有利的构造(圈闭)，是从气源、储层、盖层、圈闭等成矿基本条件出发，具有普遍性、稳定性的一面。而具体到一口井内某段地层是否有工业气的聚集，是受具体部位微观地质事件(裂缝发育、储层次生变化等)所制约，具有随机性、不稳定性的一面(对川西致密非常规领域而言)。因此，需重视地质录井及时发现设计之外油气层，一旦遇良好气层，便即刻测试评价，即归纳为："藏无常规，勘勿死规，唯实而策，乃为上法"。按此原则，先后在设计目的层之上或其下打出了川孝 104 井、川孝 106 井、川孝 153 井、川孝 131 井、川孝 141 井等发现井。在新场气田开发中，先后有新 806 井、新 77 井、新 78 井等以"唯实而策"调整设计，获得日产气 $7×10^4 \sim 30×10^4 \, \mathrm{m}^3$ 的高产发现井、评价井。

总之，川西拗陷红层次生大气田的发现，是从大量实践中不断总结、摸索、发展的富集成藏观点，以及调整勘探方法所获，即：

基础知识＋实践经验＋哲学思维＝川西成藏预测思维模型。

精心部孔＋重视录井＋抓住机遇＝发现川西气田的勘探模型。

Ⅲ-6　川西新场气田中、浅层气藏特征及立体勘探开发的技术思路[*]

符　晓　邓少云

（中国新星石油总公司西南石油局新场气田开发有限责任公司）

　　新场气田位于四川盆地川西拗陷中段，是近年来在侏罗系浅层中发现的一个大型气田。气田的烃源系由深部上三叠统须家河组(T_3x)含煤地层中生成的煤成气经垂直上移，

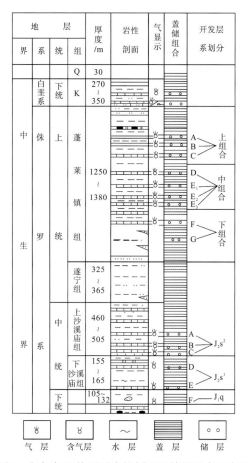

地　　层				厚度	岩性	气显示	盖储组合	开发层系划分	
界	系	统	组	/m	剖面				
中 生 界			Q	30					
	白垩系	下统	K	270～350					
	侏 罗 系	上 统	蓬 莱 镇 组	1250～1380				A B C	上组合
								D E$_1$ E$_2$ E$_3$	中组合
								F G	下组合
			遂宁组	325～365					
		中 统	上沙溪庙组	460～505				A B C	J_2s^2
			下沙溪庙组	155～165				D E	J_2s^1
		下统		105～132				F	J_1q

气层　　含气层　　水层　　盖层　　储层

图 1　新场气田侏罗系岩性剖面及储盖组合示意图

---

　　[*] 论文注释：论文于 1997 年 5 月公开发表于《天然气工业》第 17 卷第 3 期，1999 年 10 月载入《跨世纪的中国石油天然气》文集中，2003 年 1 月荣获中国《西部理论与发展》丛书"特等奖"。

在上覆厚约2500m的侏罗系红色陆相碎屑岩地层中形成的多气藏复合型大气田。该气田集次生、致密、非均质、裂缝性、高压或超高压等气藏特征于一体，是一个总体丰度高（超过$10\times10^8\,m^3/km^2$）、储量大（超过$800\times10^8\,m^3$）、勘探开发难度亦大的构造——岩性非常规气田。为了合理、有效、高速地勘探、开发该气田，近年来通过反复实践，总结出了各气藏的地质特征，建立了气田形成的地质模型，形成了适合气田特征的勘探、开发技术思路，采取了立体滚动勘探、开发气田的方案，公司在$42km^2$内仅用一年多的时间，建成了日产$80\times10^4\,m^3$天然气的产能，取得了很好的社会、经济效益。

一、区域构造背景和沉积特征

川西拗陷是印支期以来长期沉降形成的不对称断陷，其东侧为龙泉山断裂，西侧为龙门山推覆体。该拗陷上三叠统至侏罗系为陆相碎屑岩沉积，最厚达6000m，其中上三叠统有厚约3000m的黑色泥质岩夹砂岩与煤层，是主要气源层；侏罗系（中、浅层）为厚约2500m的红色砂、泥岩不等厚互层，其地层序及主要岩性见图1。拗陷的构造活动因受东、西两侧断裂挤、推的影响，具多期次、低强度、继承性的特征。在拗陷的构造中，以燕山中、晚期为低幅隆起，喜马拉雅期形成现今构造格局的鸭子河—孝泉—丰谷北东东向隆起带为天然气长期运移的指向带，对气藏形成极为有利。新场气田便是该隆起带上的孝泉背斜向北东东方向倾末的一个鼻状构造（图2、图3）。地震资料显示，该构造从深层须家河组（埋深4600m左右）到上侏罗统蓬莱镇组（J_3p）顶（埋深300m左右）各层均有构造圈闭存在。

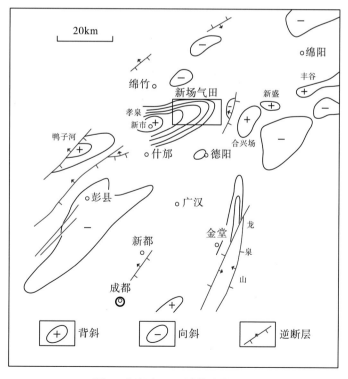

图2　新场气田区域构造位置图

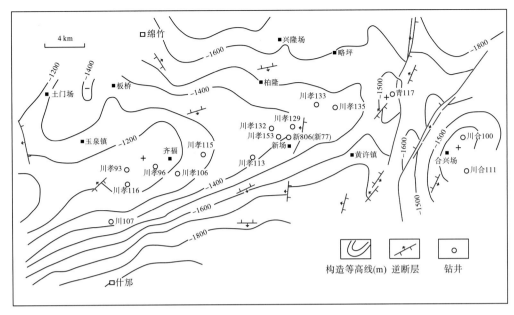

图 3　川西孝泉—新场地区沙溪庙组顶地震反射构造图

二、各气藏的发现过程及勘探开发现状

1985 年在孝泉构造所钻川孝 106 井发现中侏罗统沙溪庙组(J_2s)气藏后，向东追索，于 1990 年 5 月布在新场构造的川孝 129 井在沙溪庙组又获无阻流量为 $8 \times 10^4 m^3/d$ 的工业气流。之后，相继打了一批评价井，证实新场气田沙溪庙组中、下部存在 3~4 层累厚约 40m 的水下三角洲平原河道砂体，该砂体厚度稳定，全气田可以对比，为相对稳定的视层状气藏，目前已在该气藏获数百亿立方米的探明加控制气储量。

20 世纪 90 年代初、中期，先后布在新场气田东部和西部的川孝 135 井和新 806 井于下侏罗统千佛崖组(J_1q)底部砂砾岩(埋深 2700m 左右)中分别获得无阻流量为 $7 \times 10^4 m^3/d$ 和 $41 \times 10^4 m^3/d$ 的工业气流，由此在气田东部和西部发现了两个不同压力系统的千佛崖组气藏。经评价、试采，证实两气藏产能稳定，并获得了约 $20 \times 10^8 m^3$ 的可采气储量。

1992 年 8~10 月，先后在川孝 113-浅井、川孝 153 井于井深 700m 左右分别获得 $1 \times 10^4 m^3/d$ 和近 $3 \times 10^4 m^3/d$ 的工业气流，发现了蓬莱镇组上组合(J_3p^1)浅层气藏。

20 世纪 90 年代中期，先后在川孝 133-2 井、新 77 井(与新 806 井同井场)于井深 1000m 左右分别获得 $3 \times 10^4 m^3/d$ 和 $11 \times 10^4 m^3/d$ 工业气流，发现了蓬莱镇组中组合(J_3p 中)浅层气藏。经评价井及试采证实，储层为河道砂体，属岩性气藏，并获得了数十亿立方米可采气储量。

上述 4 个开发层系的发现，经历了由深到浅、又由浅到深的不断认识和深化的过程，也是从气源层和近气源层内找气，发展到非气源层和远离气源层内找气的一系列天然气成藏地质观念更新的过程。

新场气田从 1990 年发现到 1995 年底止，累计打井 180 口，其中浅井(针对蓬莱镇组)150 口，中深井(针对沙溪庙组和千佛崖组)30 口，控制含气面积约 100km²(中深层及浅层叠加面积),获各类气储量总计超过 $300 \times 10^8 m^3$,现已建成年产天然气 $6 \times 10^8 m^3$ 以上的产能,单井平均产能 $1.2 \times 10^4 m^3/d$,浅井最高日产 $11 \times 10^4 m^3/d$(未经压裂改造的自然产能),中深井最高日产达 $30 \times 10^4 m^3/d$。

三、气藏特征及主要成藏地质因素

(一)气藏特征

跨深 500~2700m 的 4 套气藏(图 4),既有其共性,也有其个性。

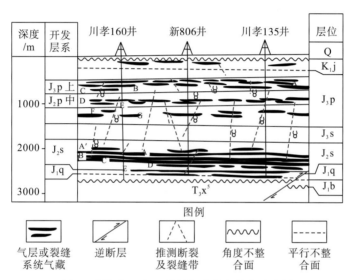

图 4 新场气田中、浅层气藏纵向展布示意图

1. 共性

(1)4 套气藏的气源同为埋深 2700m 以下的须家河组煤系,属远源或次生气藏。煤系中的黑色泥质岩与煤层累计厚度大于 2000m,生气母质以Ⅲ型干酪根为主,主体区生气强度达 $60 \times 10^8 m^3/km^2$。

(2)储层和盖层均为侏罗系陆相红色碎屑岩,其中砂岩或砂砾岩为储层,棕红色泥岩为区域盖层或直接盖层。储盖组合状况见图 1。

(3)储层由浅到深逐渐由低孔渗或近常规到致密层,孔隙度由 13%~15% 下降为 6%,渗透率由 $4 \times 10^{-3} \mu m^2$ 降低为 $0.1 \times 10^{-3} \mu m^2$。多数储层含可动黏土矿物微粒。

(4)气层孔隙压力系数随埋深增加而递增,从浅层至中层由 0.011MPa/m 上升为 0.02MPa/m。

(5)各气藏的含气丰度均受控于裂缝、断裂系统及砂体厚度的有效配置。

(6)4 套气藏均无明显的底水和边水,同属隆起带控制下的岩性圈闭、弹性驱动气藏。各气藏的烃组分均为以甲烷为主的干气。

2. 个性

1)蓬莱镇组上组合气藏

该气藏属典型的透镜状砂体岩性气藏类型，气藏由多个砂体组成，单个砂体分布范围小，彼此不连通，井间不易对比，纵向上跨度大(500~800m)，横向上叠合连片，钻井成功率较高(>90%)。储层砂体为河口坝微相，单层厚度5~15m不等；孔隙度平均13.18%，最大达23.12%；渗透率平均 $3.63\times10^{-3}\mu m^2$，最大达 $43.184\times10^{-3}\mu m^2$，为近常规储层。气井自然产能较高，但丰度较低，稳产期短。产层具明显的酸敏、速敏和水敏效应。地层压力梯度为0.011~0.014MPa/m。

2)蓬莱镇组中组合气藏

该气藏属河道砂坝砂体构成的岩性气藏类型，埋深在850~1100m范围内，砂体沿古河道分布，由于各期河流的大小、位置变化频繁，使得构成气藏的砂体无论其大小、形态及物性等方面都具非均质性，总的趋势是气藏东部的分布相对稳定，西部连片性变差，单层厚度8~20m不等。储层孔隙度平均12%，最大18%；渗透率平均 $1\times10^{-3}\mu m^2$，最大 $9\times10^{-3}\mu m^2$；为近致密储层，孔喉配置关系较复杂，既存在大孔粗喉、小孔细喉的配置关系，也存在大孔小喉、小孔粗喉的配置关系。气井产能悬殊，由小于 $0.1\times10^4 m^3/d$ 到大于 $10\times10^4 m^3/d$，但稳产期相对较长。产层具强水敏、中等碱敏和速敏效应，地层压力梯度为0.014~0.016MPa/m。

3)沙溪庙组气藏

该气藏受构造、岩性双重控制，属超高压构造-岩性复合型气藏类型，气藏内构成储层的3~4层三角洲相砂岩层集中分布在跨度200m左右的井段(埋深2150~2350m)，砂岩层连续性好，全气田可追踪对比，单层厚10~30m，累计厚40~60m。储层孔隙度平均11%，渗透率平均 $0.17\times10^{-3}\mu m^2$，为致密砂岩储层。储层非均质性严重，孔喉比差，具有大孔小喉的配置特点，产层产能的大小受裂缝和基质物性条件的控制，自然产能悬殊，由小于 $0.3\times10^4 m^3/d$ 到大于 $5\times10^4 m^3/d$，工业气井成功率低(30%左右)。产层具强水敏、碱敏和中等速敏效应，地层压力梯度为0.018~0.02MPa/m。

4)千佛崖组气藏

该气藏属构造、岩性复合型孔隙-裂缝性气藏，气田东部气藏埋深2700m左右，西部埋深2650m左右。储集体为千佛崖组底部砂砾岩，属冲积扇前缘沉积，其砂、砾质常填充于该组大安寨段顶部古侵蚀面的低凹部位而形成大小不等、彼此孤立的砂、砾岩体。储层岩性为砂岩、砂质砾岩和砾岩，单层厚度3~12m不等(底部砾岩层厚度一般2~5m)，孔隙度5%~12%，渗透率 $3\times10^{-3}\sim8\times10^{-3}\mu m^2$，产层产能的大小受裂缝的发育程度和储层基质的产能系数控制，自然产能悬殊(小到干井，高达 $30\times10^4 m^3/d$)，工业气井成功率较低(40%左右)。该气藏有较高的采收率和一定的稳产期，产层不易发生水敏、速敏效应。

(二)主要成藏地质因素

据大量地震、钻井和试采资料综合分析，可将气田的主要成藏地质因素概括为如下几点：

（1）该区沉积有全盆地最厚的须家河组煤系（生气岩为黑色泥质岩及煤层，两者累厚大于 2000m），有充足的气源。

（2）该区自上而下地层压力系数递增（由 0.011MPa/m 升至大于 0.02MPa/m），气源层的超高压为天然气的向上运移提供了动力。

（3）气源层之上数千米厚的地层中，有多套储盖组合（图 4）。

（4）该区有印支、燕山和喜马拉雅等多期构造活动引起的构造形变，其结果一方面提供了天然气聚集的构造环境（包括新场鼻状构造在内的鸭子河—孝泉—丰谷隆起带为天然气长期运移的指向和聚集的场所）；另一方面由于多期构造活动，使该区发育大小不等的断裂、裂缝系统既改善了储层条件，又为深部天然气向上运移提供了通道（图 3）。

新场气田侏罗系次生气藏的发现，是地质家们开阔思路、更新天然气成藏地质观念的结果。同时，要合理、有效地勘探、开发气田，必须开拓新思路，采取有别于常规碎屑岩气田、适合本气田特点的勘探、开发技术。

四、立体勘探开发的技术思路

（一）基本地质模型的建立

具有多套储盖组合，厚度约 3000m 的侏罗系陆相碎屑岩体与下伏上千米厚的上三叠统含煤地层构成了本区具二元结构特点的地质体系，深埋该体系之下的、生烃丰度很高的含煤地层中大量气态烃的生成，形成超高压气流，在此超高压的驱动下，沿着断层和裂缝，气体长时间向上覆岩体渗透和扩散，使上覆约 3000m 的红色岩系"气化"，在整个体系"气化"过程中，按封盖能级与储层条件，形成了不同级别、不同规模的气藏。这个被高压烃气"气化"着的地质体，具有较高的"气饱和度"，在地质体中的任何部位和层段，凡有具遮挡条件的储层存在，都有机会捕获上移的气流，并聚集成藏。该系统中气藏形态和含气丰度受砂体的外形、内部结构与断裂、裂缝发育程度及沟通情况的制约，它们在纵向上叠置错落成带，平面上呈大小各异、丰度不同的气储成群分布。

根据构造演变史推测，千佛崖组和沙溪庙组气藏于燕山运动中、晚幕开始聚集成藏，蓬莱镇组气藏形成于喜马拉雅期。燕山期中、晚幕的构造形变形成了一些断裂和裂缝，深部天然气沿此通道向上运移在千佛崖组和沙溪庙组中聚集成藏；喜马拉雅期构造形变，使本区断裂、裂缝系统得以扩展，已有气藏部分被破坏，建立新的动平衡关系，深部气源再次规模性上运，形成蓬莱镇组浅层气藏。

新场气田中、浅层气藏的成藏模式示于图 5。

（二）部署、建产的地质思路

不同的气藏地质模型，有不同的勘探、开发方案，对于这个被"气化"、厚几千米的侏罗系地质体内的众多透镜状砂砾岩均可富集成藏的新场气田，应如何勘探、开发？我们提出了如下原则和做法。

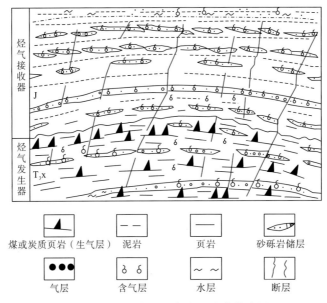

图5 川西新场气田"气化"成藏模式图

1. 立体开发原则

从立体上考虑，除了中、浅层"次生"气藏目标外，深层须家河组具备形成"原生"气藏的有利条件，可望成为勘探、开发的后备基地。根据各气藏的特点和勘探、开发的难易程度，拟定全气田立体开发的原则为："浅上产、中稳产、深后备"。运作方式为浅层开发、中层评价、深层普查的滚动递进运作方式。

立体开发原则既要贯彻于全气田总的部署中，又要体现在一个具体的井中。具体操作上采用两种形式：一是"一井查明，分层或分期采气"；二是施工井在往深部设计目的层钻进中，若发现其上有重要的油气显示，并有把握获得较好的产能，则在原井场再钻一口井，抓住获产的战机。好的裂缝系统和厚大砂体是获气的重要目标，而往往又难以捕捉，一旦发现，就应一抓到底。如本区新806井，在往中深层钻进中，浅层发现了具有良好气显示的厚大砂体，同井场立即布一口浅井（新77井），经实施获日产10多万立方米的工业气流，创气田浅层单井自然产能最高纪录，而新806井继续完成原设计钻进中深层（J_2s）的地质任务。新806井钻完设计目的层并测井、固井后，据其油气及地震资料分析认为，该井处于油气富集的有利构造部位，由此决定继续加深60m，第三次探索千佛崖组的含气性，钻探结果，在千佛崖组底部砂砾岩中获$30 \times 10^4 \mathrm{m}^3/\mathrm{d}$的工业气流而成为发现井，也是川西红层中的最高产气井。这样用一个井既评价了蓬莱镇组中组合气藏，又发现了千佛崖组气藏，共获气$40 \times 10^4 \mathrm{m}^3/\mathrm{d}$，且井内还有4个气层有待射孔采气，充分显示了立体勘探、开发的效益。

2. 将发现—评价—开发—再发现—再评价—再开发的循环渐进过程贯穿于气田开发的全过程

绝大多数油气田都不是一次性就能搞清其中所有的油气层或油气藏，对于新场气田这个复杂多变的陆相地质体更是如此。该气田给地质家提供的不是一个大而均一的机械气藏模型，而是一个具备形成若干大小不等、级别各异的气储的大环境。对于每口施工井，既有已明确的目的层段，又要经过精心的录井，注意发现钻进中遇到的新气层；若在设计目的层未见良好显示，便在钻机能力允许条件下，加深钻探，以增加获气的机会。钻井中随时都可能钻遇新的气层，有新的发现，增加新的开发目标，坚持探索，锲而不舍，注重发现，才能使气田的开发充满生机和活力。

根据气田勘探、开发现状预测，本区浅层可望在扩边钻井中、气田主体部位可望在蓬莱镇组下组合河道砂体中、中深层可望在下沙溪庙组的河道砂体和其他类型砂体中有重要发现。

3. 优选孔位，确保提高钻井获气成功率

充分利用已有的钻井、试采、地震资料及科研成果，论证每个井位，做到资料不充分不部孔，地质思路不明确不部孔。

通过对储层的精细描述，查实储层砂体的分布、内部结构和断裂发育部位，是优选孔位的重要基础。

孔位部署应考虑尽可能多穿几个砂岩层(或气层)。上挂下连，是减少干井，加快查明气层，增加储、产量的有效措施。另外，孔位部署还需要考虑满足合理井网密度的要求。

(三)技术建井

1. 建立适合新场气田地质特征的打井新观念

打井观念主要概括为：①打井是一个发现气层、保护气层、解放气层的过程；②打井是建设一条天然气从地层→井筒→地面畅通、坚固、安全的通道系统的过程；③打井是取得计算储量，评价气层产能的各项实物、数据资料的过程。

2. 保护油气层

对油气层的伤害、污染，既可能发生在钻井施工的全过程中，又可能发生在测试和采气的过程中。油气层一旦受到伤害、污染，再来解除是十分麻烦的，因此应在伤害、污染之前加强保护。

油气层的伤害、污染机理主要有三种：①固体微粒进入地层或地层中可动微粒的移动，造成孔喉的堵塞；②失水进入地层，造成黏土矿物的膨胀堵塞孔喉；③钻井液、完井液中某些成分与井筒周围的某些岩矿组分发生物理、化学反应，产生沉淀，堵塞孔喉。

油气层保护措施应注重的几个方面：①优选泥浆和加重材料；②合理泥浆密度；③控制失水；④缩短浸泡时间；⑤防止速敏、水敏、酸敏、碱敏和盐敏等五敏反应。

3. 压裂改造是解放气层的有效措施

压裂改造一方面能有效地破开井筒周围的污染带，从而沟通产层与井筒的流动系统；

另一方面能改造储层的通道系统以及沟通新的储集体或新的裂缝储集系统。

目前,对蓬莱镇组气层的压裂改造已有长足的进展,取得了明显的效果,无论是对低产层的改造,或对已达工业自然产能产层的改造,都使产量有较大幅度的增长,最高达 10 多倍。

对于沙溪庙组气层的压裂改造尚处于探索阶段,从储层条件看,孔隙度有一定基础(平均 11%左右),而极低的渗透性(平均 $0.1 \times 10^{-3} \mu m^2$)是制约产能的重要因素,但单层厚度大且稳定、储量丰度大($6.6 km^2$),探明面积内储量丰度为 $7 \times 10^8 m^3/km^2$)。因此,采取对路的压裂改造措施将会使沙溪庙组气藏的开发获得好的效果。

4. 引进水平井钻井技术是提高单井产量、减少地面投入的有效途径

我公司赴加拿大技术考察团所获资料表明,当今水平井钻井技术已较成熟,据加拿大统计资料,该国水平井的水平井段平均长 220m,平均产量增加 4 倍左右,平均投资为直井的 1.8 倍。此外,还可打节支井、分枝井、丛式井。打水平井是实现稀井高产、节省地面建设与采输管理投入的有效途径。丛式井既节约土地、减少环境污染,又省地面附近及长期管理费用。新场气田将在储层精细描述基础上逐渐引进此技术,以实现沙溪庙组等致密、非均质裂缝性气藏的有效开发。

(四)合理采气

(1)全气田满足:平稳供气,较长稳产期,较高采收率。

(2)单井合理采气:根据各储层特性,以防止采气中的第二次污染为目标,优选合理配产制度。

五、后　绪

文稿中提的开发技术思路,经过近 3 年的实施,取得了初步成效,仅举三点:

(1)前后两次用地震二维、三维资料,综合钻井、测井、试采等资料对浅、中层河流透镜体砂岩气藏进行描述,建立了"低频强振幅"含气地质模型,查清了浅层 J_3p 组含气砂体纵横向分布,查明了中深层 J_2s 组致密砂岩,按产能级别划分的Ⅰ、Ⅱ、Ⅲ类储层的特征、区分和纵横展布,从而使钻井成功率分别提高了 30%与 40%。

(2)通过引进国内(新星石油总公司、中国石油总公司)、外(美国贝特道威尔石油公司)对 J_2s 组致密砂岩气层压裂的多次探索,1998 年底在新 810 井、新 811 井取得突破,产能提高 3~6 倍。上述两项技术启动了几百亿难动储量的有效开发。公司日产也稳过 100 万 m^3。

(3)成功地打成四川第一口天然水平气井新 901 井,垂 1030m,水平位移 321m,产能为直井 3 倍。丛式井已在浅层、中深层全面展开,既节约土地,减少环境污染,又节省地面油建与开发管理。

Ⅲ-7　川西新场气田红层三口高产
井与"1-8-5"构思[*]

　　西南石油局新场气田开发有限责任公司，在 1995 年 7～12 月连续在侏罗系浅、中、深层三个层位，分别钻获天然气 $8\times10^4\,\mathrm{m}^3$、$11\times10^4\,\mathrm{m}^3$ 及 $30\times10^4\,\mathrm{m}^3$ 三口最高产气井，使日产气量提前两年达"1-8-5"构思中建产 $80\times10^4\,\mathrm{m}^3$ 的规模，取得了重大的产能、储量、地质成果和经济效益，拓宽了整个气田的勘探开发前景，推动了全气田上产量、上储量、上规模的进程。

一、开拓性的"1-8-5"构思

　　1994 年 8 月公司筹建时，初步查明 $42\mathrm{km}^2$ 区块的开发层位有两个：$\mathrm{J}_3\mathrm{p}$ 上组合气藏（井深 500～800m），$\mathrm{J}_2\mathrm{s}$ 组气藏（井深 2100～2400m），原各股东在区块轴部等有利地带打浅井 45 口，含气面积 $27\mathrm{km}^2$，探明储量 $\times\times$ 亿立方米，日输气量 $85\times10^4\,\mathrm{m}^3$，井距 300～800m 不等，产能递减率 30％左右，储采比 15：1。$\mathrm{J}_2\mathrm{s}$ 组共打井 12 口，单井平均产量 $0.9\times10^4\,\mathrm{m}^3$，探明储量 $\times\times$ 亿立方米。两层位探明储量共计 $\times\times$ 亿立方米，可采储量 $\times\times$ 亿立方米，采气速度大于 5％，$\mathrm{J}_2\mathrm{s}$ 组 $\times\times$ 亿立方米可采储量，没有成功的增产措施是很难采出。按常规气田考虑，是不能再打井了，也不能再扩大产量，但各股东筹资 8 千多万元，公司经营以盈利为目的，因此井必须打，利还要盈。出路在何处？

　　经过仔细研究现有资料，结合近 20 年在川西勘探实践，分析新场气田红层"隆升、气化、富集"成藏的特殊地质模式，即 400～2800m 整个侏罗系地质体，被深部烃成高压烃气"气化"。在气化地质体中，有由下往上的冲积扇→河流→湖泊三角洲等若干个沉积体系，也就有若干个砂砾岩、泥质岩组合，或者叫储盖组合，已发现的两个开发层系，仅是其中一部分，还有不少气层待发现，浅层有，中深层也有。因此，公司的出路在于寻找新的开发层系。进而分析预测了各层系状况，将已查明和可望查明汇总一起，拟定了 $42\mathrm{km}^2$ 内，最终可望拿到 $\times\times\times$ 亿立方米可采储量，即"1"；建多大产能？集资近 1 亿元，规划年产值 1.0 亿元，即日产气 $80\times10^4\,\mathrm{m}^3$，加上现有年产量约 $6\times10^8\,\mathrm{m}^3$，采气速

---

　　* 论文注释：论文于 1997 年公开发表于《致密岩石气藏勘探开发》第 3 期。

度 5‰~7‰，即"8"；稳产时间，统计四川盆地几十个气田资料，稳产期 3~10 年不等，42km² 有三家采气，又考虑到 J_2s 组致密难采等因素（低产期长、占储量大），暂定了稳产 5 年，即"5"。这便是"1-8-5"构思的来历。

该构想方案出来后，先后三次征求了解新场气田情况的专家们的意见，多数看法偏大。在一次论证会上，甚至对构想进行了批判——破坏性开采。对专家们的意见，我们一方面感激专家们好的提示，另一方面认真审理方案的依据，其核心是资源量，42km² 区块，从 J_3p—J_2s 组各气层均未见边水、底水；在纵向上任一口井从 J_3p—J_2q，可见气层，含气层 10 层以上，如川 153 井，从 500~1350m 井段有 12 层，累计厚 101m；压力系数从 J_3p 上组到 J_2s 组，从 1.2 逐渐增高到 2.0，表明整个地质体含气，即被深源烃"气化"，在"气化"环境中具有一定孔隙的储层富藏集气层。"隆升、气化、富集"成藏模式，有地质依据，"构想"中的储量，产量可望实现，在正式开发方案出台前"构想"一方面作为各股东投资：贷款的凭据，另一方面是公司动作的依据。

二、3 口高产井与日输气八十万立方米的实现

公司正式启动后，接收原股东已定孔位 40 多口，面对的主要困难是其征地不能退出，前期勘探费未落实。1995 年 6 月前，在无地震及钻井资料的情况下，只好凭头脑里已有资料，组织生产，打已征地的井位，至 1995 年 8 月底，打浅井 35 口，中深井 4 口，测产 $50×10^4m^3$，日输气能力约 $40×10^4m^3$，计划年底 $60×10^4m^3$，完不成任务集体停发一个月工资。面对此情况，在认真总结前段工作经验、教训的基础上，强化"精心部孔，认真录井，大胆探索"的策略，连续打出了 3 口高产井。

（一）扩边高产井——新 67 井

在气田西南翼部的探边井新 67 井，是为追踪北边新 25 井获日产气 $2.0×10^4m^3$ 的砂层向南延伸状况，以扩大含气面积。当该井东侧连续打三口微气井和干井后（其中两口是原股东打的），尤其新 56 井，1400m 深，未能获产，公司领导对新 67 井提出异议是可以理解的。但从二维地震图看新 67 井，比新 56 井高，又有断破显示，同时考虑到新 25 井砂层的发育状况，不追踪不能确定含气边界，最终在 500~800m 井段发现三个气层。裸眼测试，在套压 5.0MPa 下，日输气 $8.2135×10^4m^3$，为川西红层 800m 内 J_3p 上组合自然最高产气井，进而扩大了含气面积，也提示了成藏的多因素性。

（二）J_3p 中组合钻获高产评价井——新 77 井

布在构造轴部偏南新 806 井（中深井）设计目的层 J_2s 组，往深部钻进中，录井发现 950~1350m 井段，有 15~23m 厚三个气显示层。由于录井工作细，凭录井资料加上丰富的经验就判断出有效高产能，决定在同井场布一浅钻来评价，井号新 77 井。经过一个月施工，裸眼先期完井，仅 953~1026m 两层，替喷测试，在井口套压 11.0MPa 下，获日自然产量 $11×10^4m^3$，无阻流量 $28×10^4m^3$ 的稳产、高产气井，也是川西地区红层 J_3p 中

组合气层最高产气井。完成了该气藏评价，明确了新场气田一个重要开发层位，进而扩大战果，当年该层新增储量××亿立方米，经 1996 年全面勘探，该气层产量、储量已占整个气田二分之一以上，控制储量超过×××亿立方米。成为气田增储、上产、稳产及创效益主力气层。

(三)J_2q 气藏钻获高产井——新 806 井

(1)1995 年 1 月，公司在轴部—线部了新 807 井、新 805 井、新 804 井三口井位，其中新 804 井井位在现新 806 井南侧 30m 处，部孔依据是 J_2s 组气藏需有裂缝系统的配合，才会有好的产能，而新 804 井位，一则处于 T_2^1 构造北东东向轴部略偏南，二则了解资料有一条南北断层与轴线交汇，井位便布在交汇区，预计裂缝发育。井位勘定后，因砖厂已买此地，便暂时搁置。到当年三季度公司委托西南石油局，论证三口中深井，据二维地震资料提供了五口井供优选，公司选中三口，即 1、2、3 号孔，其中 2 号孔位与原新 804 井同一部位，改为新 806 井，井的性质为开发井，设计目的层 J_2s 组 A、B、C 气层，对 B、C 层先期衬管完井。

(2)调整完井方案，加深探索 J_2q 组含气状况。当该井钻达井深 2100m 左右，请西南石油局总工程师郭正吾等专家咨询新 805 井评价后，建议新 806 井对 A、B、C 层后期射孔完井，公司采纳其建议，当钻达设计井深后，经录井、测井发现 4 个气层、4 个含气层，下 7 英寸套管固井后，笔者考虑既然上部气层已封住，早晚射开都无关紧要，便提出加深探索该区 J_2q 组含气性。因为在新场气田东部(42km² 以东)川 135 井区，发现 J_2q 组底部有一套砂砾岩，单层厚 0~15m 不等，单井日产气 $0.5 \times 10^4 \sim 11.0 \times 10^4 m^3$，成功率 50%，但面积有限，为冲积扇缘砂砾层。所以本区勘探潜力如何？一直倍受重视，先后打了川 160 井，储层不发育，新 801 井见 5m 砂砾岩，测井解释为裂缝性含气层，未测试。本井再次探索，一是分析新 806 井部位，从 J_3p 组上、中、下段至 J_2s 组 A、B、C 层含气状况都较邻井好，气是从深部垂直上运来的，表明此部位纵向裂缝通道系统发育，其下若有储层，其产能也会好；二是了解资料过井位的断裂，地震资料也得到证实，在构造平缓地区断层往往有从下往上的继承性，值得一探；三是钻机有能力加深。故而决定加深探索 J_2q 组含气性。

实际加深 54.13m(2606.32~2660.45m)，发现 J_2q 底部有 15m 砂砾岩，裂缝发育，含大量次生石英晶体。在泥浆比重为 2.04 情况下，强烈井涌，完井衬管测试，在井口套压 30.301MPa 下，日输气 $30.6315 \times 10^4 m^3$ 的高产发现井，是川西地区 J_2q 最高产气井，公司获地质矿产部找矿一等奖。截至 1996 年 12 月底，一年采气 $8200 \times 10^4 m^3$，采油 90t，是气田新发现的第二个开发层位，即一年半的开发时间中注重勘探，新发现两个开采层系，累计达 4 个开发层系(J_3p 上、J_3p 中、J_2s、J_2q)。

新 806 井这样一个井场，两口井，实现了开发、评价、发现并建产 $41 \times 10^4 m^3$ 的立体勘探开发高效益，使公司累计输气能力达 $80 \times 10^4 m^3$ 规模，提前两年完成了"1-8-5"构想中建产任务。构想中计划打浅井 100 口，建产 $60 \times 10^4 m^3$，中深井 20 口建产 $20 \times 10^4 m^3$，实际打浅井 57 口，中深井 5 口，少打井 58 口(浅 42，中深 15)，累计节约资金 1.0 亿元左右，加上输气超 $0.8 \times 10^8 m^3$，共创效益约 1.4 亿元。

　　实践证明，以"隆升、气化、富集"成藏模式为理论基础，和"精心部孔、重视录井、注重发现"的战术实践，及公司重视科学技术与市场经济的有效运行机制，是取得上述成果的重要因素。

Ⅲ-8 新场气田开发技术初探[*]

符　晓　邓少云

（四川德阳新场气田开发有限责任有限公司）

四川德阳新场气田开发有限责任公司仅有 14 名管理人员，组建不到三年时间，在开发中浅层陆相致密岩性气田的领域中，建成了日产气 $80 \times 10^4 \mathrm{m}^3$、累计输气量逾 $5 \times 10^8 \mathrm{m}^3$、各类储量由 $92 \times 10^8 \mathrm{m}^3$ 上升到 $300 \times 10^8 \mathrm{m}^3$、销售收入超 2 亿元、实际获利上亿元的有效经济实体。这其中除了有"油公司模式"有效运行机制外，公司从领导到员工，富于思维创新、重视科研投入，已显示出了对复杂次生气田的特殊效应。

1. "1-8-5"的构想

1994 年 8 月公司组建时，划归公司开发的 $42 \mathrm{km}^2$ 内，查明并投入开发的层位两个（$J_3 p$ 上、$J_2 s$）有探明储量 $92.45 \times 10^8 \mathrm{m}^3$，区内已打井 57 口，中深井单井平均产量约 $0.9 \times 10^4 \mathrm{m}^3$，投入大于产出。按常规考虑，气田还可打的井和扩大产量的余地是不多的。

经过数月的资料收集、汇总、分析，公司提出以"隆升→超压→破裂→运移→气化→富集成藏"的基本地质特征为基点，视气田范围纵深 2700m 整个隆起带上的侏罗系（J）是一个被"气化"着的地质体，在这个地质体内，凡有储层，都有一定的富集，而在断裂与储层的交汇处便是储集丰度高的高产部位。凭已掌握的部分资料，加上严谨的科学分析和预测，共描述出了纵深四个已知和预测的开发层位——$J_3 p$ 上、$J_3 p$ 中、$J_2 s$、$J_2 q$，大胆提出了用三年时间，在红层 500～2700m 井段，$42 \mathrm{km}^2$ 面积内建成可采量 $100 \times 10^8 \mathrm{m}^3$，建成规模 $80 \times 10^4 \mathrm{m}^3$，稳产 5 年，即"1-8-5"构想，并制定了"立体开发、科学部孔、技术建井"及"开发井中注意发现，发现井内有开发的滚动勘探开发"的技术思路和原则。

2. 新 806 井的成果

该公司 1995 年在构造轴部断裂发育的交汇处布一开发井——新 806 井，目的层 $J_2 s$，井深 2600m，在向深部钻进中，于井深 950～1350m 段，连续发现厚 15～20m 的三个气显示层，由于公司将开发井当成探井进行地质录井，资料全、准，加上判断工业性产层的丰富经验，决定在同井场打一浅井新 77 井，实施在 953～1026m 井段获日产 $11 \times 10^4 \mathrm{m}^3$ 高产井，从而肯定了 $J_3 p$ 中组合气层为一新的开发层位，也结束了对它前景的怀疑与

* 论文注释：论文于 1997 年公开发表于《天然气工业》第 17 卷第 5 期。

争论。

该井成功后，立即扩大到全气田对该层位的评价和开发。1997年5月，该层位产量为气田总产52%左右，获得的储量近百亿立方米。这是新806井引出的第一成果。

第二成果是新806井按设计完成J_2s几个气层钻井测井后，发现该井从浅到深均较邻井气显示好，表明该部位纵深裂缝发育，红层气源既来自下部煤系地层——须家河组，J_2s以下地层若有好储层存在，就仍可能有好产能的存在条件，于是决定加深，第三次探索该区块J_2q含气性。实施加深60m，在井深2627~2643m井段的J_2q砂砾层，获日产$30×10^4 m^3$高产发现井。到1997年5月底该井已采气$1.06×10^8 m^3$，其井口压力仅下降4MPa，是川西地区J中最高产能气井，井内还封住了四个气层待采，同时发现了J_2q是区内产能较高的新的开发层位。至今公司在$42km^2$已有五个开发层位，而两个新层位产量超过原来两个层位，公司输气量超$80×10^4 m^3$。像这样一口井既圆了建产$80×10^4 m^3$的梦，又发现评价了两个新的开发层位，实为一个开发、评价、发现次生多气藏于一井，进行立体滚动勘探开发的典型。

3. 科研效果

1995年底建成日输气$80×10^4 m^3$的规模后，公司并未满足于已取得的成就，从1995年下半年至1997年4月，公司以浅层气属岩性圈闭透镜体气藏，中深层为致密非均质难采气藏出发，先后设立储层描述、开发方案研究、储层伤害机理及改造技术等10个课题，累计投入300万元。另投入三维开发地震420万元。还派技术人员赴国外考察、学习气田开发的先进技术、管理方法等。在边研究边生产，科研、生产密切结合下，部分科研成果已取得明显的油气地质经济效益。如西南石油局地质研究院的储层描述课题，所建立的气藏地质和含气砂体地震响应模式，经一年钻探实践其符合率超80%。仅此一项将浅层含气面积扩大$10km^2$。单井成功率超80%，单井日平均产量由$1.6×10^4 m^3$上升到$2.7×10^4 m^3$。1996年度9口井完成原计划20口浅井建产任务，节约投资上千万元，而且此项成果已在全川西推广，从而推动了整个川西天然气勘探开发的进程，也盘活了二维地震资料对寻找浅层气的利用价值。另外，与西南石油学院的"中加天然气勘探开发技术培训中心"合作的开发方案研究课题，通过对气田近100口井的统计研究和大量地震资料的人机对话储层描述，用单井控制首次对纵深2000m井段五个开发层位11个储层单元建模，用克里金技术计算出的累计($42km^2$)储量达$322.209×10^8 m^3$，与其他有关科研单位计算数据基本吻合。

川西中深层致密碎屑岩含气层，系典型超高压非均质领域，总的丰度高($5×10^8$~$10×10^8 m^3/km^2$)，自然单井产量小于$1×10^4 m^3$，是多年老大难。公司一方面考察国外先进的压裂、水平井技术，另一方面寻找国内多年从事压裂并具有一定实力的单位，用了半年时间从研究到实际压裂施工，取得了该区中深层气层压裂改造突破性进展。如对新811井J_2s气层，用$30m^3$淘粒上百立方米压裂液，顺利压入产层，破胶好，排液快(24h内排出80%)不出砂，增产绝对量达数十倍，使该井由非工业气井变为工业气井，已稳产采气半年。初步展示了J_2s致密气藏压裂改造的增产潜力和可行性。

Ⅲ-9　川西陆相深层勘探与新 851 井的实践[*]

符　晓

一、川西深层天然气资源与勘探回顾

我国对川西油气资源的发现和利用具有悠久的历史，早在西汉年间，川西邛崃就钻成了世界上第一口气井——临邛火井。公元 70 至 88 年，在成都双流等地已开凿天然气熬盐，但对川西油气系统的规模调查、勘测则是从 1950 年开始的。先后在深层海相地层发现河湾场二叠系(P_1)气田、江油中坝雷口坡($T_2 1$)气田、雅安周公山二叠系(P_2)气田；在上三叠系碎屑岩中发现中坝、合兴场、平落坝和新场等须家河气田(图 1)，以及一批含气构造。面对新场二维地震在德新五郎处，圈闭仅 $1.0km^2$，闭合高度不足 60m 的须二小高点上，是什么思路支撑钻探 5000m 以上深层天然气的？且看以下详细叙述。

(一)川西油气资源丰富

数十年的勘探研究表明，川西地区地处地构造台地、台槽结合部的台地一侧，历经印支、燕山、喜马拉雅多期构造活动所致形变、沉积发展成的前陆盆地(表 1)。在变质岩结晶基底上的沉积盖层总厚度约为 10000m，既有海相数千米的油气生、储、盖系统，又有 5000~6000m 的陆相碎屑岩油气生、储、盖系统，主要烃源岩系在拗陷区至今深埋于近 3000m 以下。中新生代的构造形变主要受西部槽区向扬子板块挤压所致的压性结构，虽有不同程度的形变，油气散失不大，在前渊及东坡地区，表现出普遍性地层超高孔隙压力(侏罗系地压梯度 1.2~2.0MPa/100m)，这便是川西地区天然气资料丰富的地质大背景(图 1)。

1. 川西烃源岩发育，生烃丰度高

该区烃源岩，从构造断裂和烃源岩沉积埋深状况分析，有三方面的烃源。

1)地壳深部无机烃源

川西地处四川块体和甘孜—松潘块体结合部、断裂深切地幔，致使深源烃上移到沉积盖层中。川绵 39 井，须二气中发现 CO_2 含量 28.25%，N_2 含量 8.24%，还有氦、氩等

---

* 论文注释：论文于 2003 年载入《新 851 井深层勘探新突破》一书。

惰性气体同时存在，和威 28 井相似，它表明有地壳深部无机成因气体混入。

2）海相腐泥型（Ⅰ）为主烃源岩

此区海相地层厚度在 2000~4000m，既有深海相（S、D）泥页岩生烃，又有浅海台地相的藻云岩、生物灰岩等（P、T_{1+2}）生烃，这套地层在盆地内至今大多深埋在 5000m 以下，这些烃源岩经历了生油、生气、油裂解三个阶段。此领域研究尚少，已发现的气田不多，尤其是拗陷主体区，由于埋藏深，勘探工作很少，但前景是乐观的。

3）须家河组腐殖型（Ⅲ）为主烃源岩

Ⅰ. 马鞍塘组和小塘子组烃源岩

马鞍塘组和小塘子组两组地层厚度为 146~784m，岩性为海湾、滨海相泥质岩和煤以及少量的碳酸盐岩。剩余有机碳含量为 0.71%~6.65%，平均为 2.3%，母质类型以Ⅱ、Ⅲ型为主，少量Ⅰ型，降解率 R_o 为 0.67%~2.41%。其生油气强度为 $5×10^8~45×10^8 m^3/km^2$，纵向生气密度为 $1×10^8~10.4×10^8 m^3/(m·km^2)$，生油气中心分别位于川西北安县—江油一带和川西雅安—邛崃—成都一带，气源丰度均达到形成大型气田的标准。

表1 川西拗陷晚三叠世—全新世地层系统及构造运动幕次划分表

系	统	地层名称			代号				构造运动	构造事件	盆地演化	应力场特征
第四系	全新统	全新统冲、洪积砂砾层			Q_2				喜马拉雅晚幕	龙门山冲断推覆南特提斯开、合	前陆盆地萎缩阶段	NNW向 新场地区 NW向挤压
	更新统	上更新统砂砾层及粉砂质黏土夹泥炭			Q_1^3							
		中更新统砂砾层及上部红土			Q_1^2				喜马拉雅中幕			NNE向 NWW-EW向挤压 构造发育
第三系	上更新统	下更新统—上更新统砂砾岩（大邑砾岩）			$Q_1^1—N_2$				喜马拉雅早幕			
	始新统	芦山组			E_1l							
	古新统	名山组			E_1m							
白垩系	上统	灌口组			K_2g				燕山晚幕	区域不整合		NNE向 SEE向斜向挤压 发育
		夹关组			K_2j							
	下统	—	古店组	天马山组	—	K_1g	K_1t		燕山中幕	中特提斯合 龙门山冲断上升		
		剑阁组	七曲寺组		K_1jg	K_1q						
		汉阳铺组	白龙组		K_1h	K_1b						
		剑门关组	苍溪组		K_1jm	K_1c						
侏罗系	上统	莲花口组	蓬莱镇组		J_3l	J_3p			燕山早幕	扬子块体向西俯冲持续沉降中特提斯开	前陆盆地发展阶段	NE向 SE向斜向挤压 构造发育
		遂宁组			J_3sn							
	中统	上沙溪庙组			J_2s^2					太平洋板块斜向推动		
		下沙溪庙组			J_2s^1							
		千佛崖组			J_2q							
	下统	白田坝组	自流井组	大安寨段	J_1b	J_1z^4						
				马鞍山段		J_1z^3						
				东岳庙段		J_1z^2						
				珍珠冲段		J_1z^1						
三叠系	上统	须家河组		须五段		T_3x^5			印支晚幕（安县运动）	区域不整合	前陆盆地形成阶段	自流井组 NSE向斜向挤压 构造发育
				须四段		T_3x^4						
				须三段		T_3x^3			印支中幕	扬子块体向西俯冲川西海退北特提斯开		
				须二段		T_3x^2						
		小塘子组			T_3xt							
		马鞍塘组	垮洪洞组		T_3m	T_3k			印支早幕			
	中统	天井山组			T_2t				北特提斯打开		浅海台地	
		雷口坡组			T_2l							

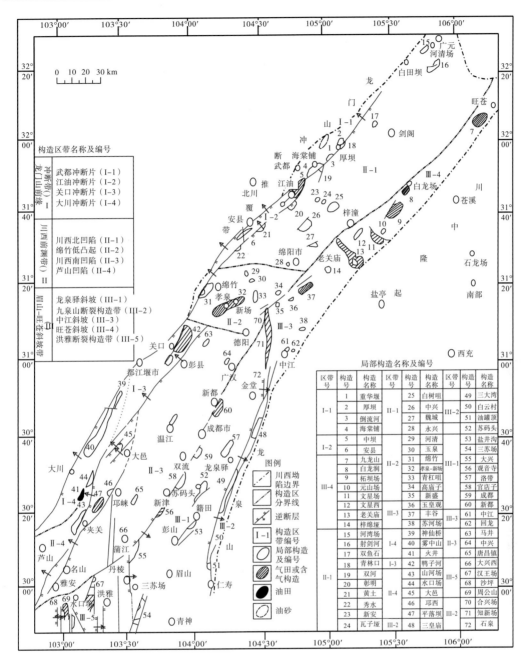

图 1　四川盆地西部构造区划、油气田及构造分布图

Ⅱ. 须家河组三段气源岩

川西拗陷中段须家河组三段沉积厚度为 186.0～1062.5m，主要沉积环境为滨海三角洲平原河漫湖沼，泥质岩为主要气源岩，剩余有机碳含量为 0.41%～10.37%，平均为 2.62%，母质类型以 Ⅱ、Ⅲ 型为主，少量 Ⅰ 型，R_o 为 0.83%～2.0%。生气中心位于成都—江油的广大地区。据合兴场气田川合 100 井回剥实验分析研究成果，须三段烃源岩在其生气高峰期（J—K_1）生气量可达 $120×10^{12} m^3$，累计生气量可达 $280×10^{12} m^3$，已具备形成大中型气田的气源丰度条件。

Ⅲ. 须家河组五段气源岩

川西拗陷中段须家河组五段沉积厚度为 0~699.00m, 主要沉积环境为前陆拗陷陆相河湖体系(河流、湖沼)。泥质岩和煤为主要气源岩, 剩余有机碳含量为 0.65%~7.28%, 平均为 3.09%, 母质类型以Ⅲ型为主, 少量Ⅱ型, R_o 为 0.94%~1.58%。其生油气强度为 $5 \times 10^8 \sim 40 \times 10^8 m^3/km^2$, 纵向生气密度为 $1 \times 10^8 \sim 4 \times 10^8 m^3/(m \cdot km^2)$, 生油气中心分别位于雅安—成都—绵阳地区, 在绵竹—大兴地区, 生气强度可达 $20 \times 10^8 \sim 40 \times 10^8 m^3/km^2$, 但纵向生气密度仅为 $2 \times 10^8 \sim 4 \times 10^8 m^3/(m \cdot km^2)$, 气源丰度达到形成中型气田的标准。

Ⅳ. 须二段和须四段内部气源岩

暗色泥质岩为主要气源岩, 剩余有机碳含量分别为 0.787%~9.11% 和 0.52%~8.06%, 平均分别为 3.70% 和 2.59%, 母质类型以Ⅲ型为主, 少量Ⅱ型, R_o 分别为 1.12%~2.10% 和 0.71%~1.63%, 有较高的成熟度。

2. 川西油气圈闭发育

1)圈闭及类型

川西拗陷自晚三叠世以来, 经历了从印支期到喜马拉雅期以来的多次运动, 每次运动都使一些地区分别表现出不同程度的隆升、褶皱和破裂。其中燕山期经历时间最长, 构造活动相对频繁; 喜马拉雅期的活动最强烈, 并铸造了现今盆地的构造面貌。而目前发现的 J_2s 组、须四段 (T_3x^4)、须二段 (T_3x^2) 油气藏大部分聚集在燕山期或印支期隆起带或斜坡地带, 初步证实了燕山隆起带对含油气范围的控制作用, 而喜马拉雅期的强烈构造活动伴生了大量破裂构造, 使早期已聚集的油气受到不同程度的改善, 破坏或重组成现今气藏。因此, 川西的深层圈闭是以油气大量生成聚集时期构造为主线, 后期构造叠加、成岩作用、断裂裂缝系统等协同配置的复合型圈闭。

2)深层圈闭的某些特征

构造形变区域展布特征: 龙门山前缘以北东向冲断褶皱断背圈闭为主, 如中坝气田; 前陆拗陷主体区, 以北东东向巨形隆起带为主, 顶平翼陡, 宽缓大背斜带上发育若干个次级小背斜的复合圈闭, 如新场五郎泉背斜; 东部斜坡以近南北向断褶带为主。

形变强度: 西部冲断片最强, 中间凹陷最弱, 东坡居中。

形变时间: 以喜马拉雅期为主由西向东, 由老至新。

圈闭纵向特征: 须家河组的圈闭, 以须二段 (T_3^1) 为主的圈闭多于须三段、须四段及须五段。断裂也是下强上弱(前缘及东坡), 如拗陷中段已查明 T_3^1 有圈闭 29 个。

3)圈闭形成时间与油气聚集的关系

在 $R_o = 0.67\% \sim 4\%$ 范围内, 所形成的圈闭都会有烃气聚集; 越早形成的圈闭(只要圈闭至今还处在聚集≥散失的封盖条件下)越有利; 古今复合圈闭, 因应力场多方面作用, 在致密砂岩中会形成发育的裂缝和伴随的溶蚀作用, 从而改善储渗条件, 是最有利的圈闭; 纯属晚期形成的圈闭, 只要该区深层有烃源岩, 在其他条件配合下, 就会有气聚集, 并形成气藏。具体到川西, 现在测得须家河组的 R_o 小于 2.7%, 见图2。因此, 无论印支期、燕山期、喜马拉雅期形成的圈闭, 只要盖层未破坏, 都会有气聚集, 都是找气的目标。

（二）川西深层勘探的回顾

1. 艰难的探索

川西油气勘探是从 1967 年地质部第二普查勘探大队，根据物探资料查明江油中坝潜伏构造形态开始。在江油中坝构造南端布置的川 19 井，1971 年在井深 3696m 中三叠统雷口坡组（T_2l）发生强烈井喷，测试获天然气（含凝析油）$26 \times 10^4 m^3/d$，实现了川西油气勘探首次重大突破。随后发现了须家河组气藏。

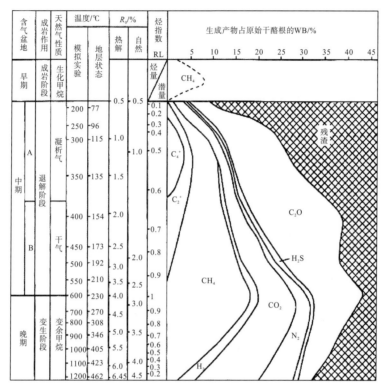

图 2　腐殖型干酪根油气产物演化图

（据西南石油局 1995 年资料）

两大专业部门在近 30 多个构造上，经过大量工作，发现了鸭子河—孝泉—新场—合兴场—丰谷、知新场—石泉场—洛带、平落坝—邛西及九龙山—文兴场—老关庙等一批大型构造带和一批圈闭（图 1）。在坳陷主体区钻达须家河组须四段、须二段的大部分井，都在不同厚度的砂岩层中遇到超压的天然气显示，虽然出现了完井测试拿到手的储量、产量并不多的局面，但是长期大面积的勘探工作，还是比较全面地揭示了该区须家河组的地质面貌和油气资源潜力。

2. 须家河组的几次重大突破

1）中坝气田——须二气藏

中坝构造继地质部在川 19 井雷口坡组（T_2l）获产后，1972 年四川石油管理局在中 4

井发现须二气藏。

2）合兴场气田——须二气藏

合兴场背斜构造位于川西拗陷中段东部斜坡。1984 年西南石油局部署了川合 100 井，井位于北部 Fs4 断层附近。该井于井深 4530m 揭开须二（T_3x^2）顶，5361m 进入雷口坡组（T_21），5430m 终孔。该井对上部 4579～4645m 段射孔测试，获无阻流量 $34.9\times10^4m^3/d$ 的工业气流，地压系数 1.6 左右。以后川合 127 井、川合 137 井相继也在裂缝储层中获工业气流。

3）平落坝气田——须二气藏

平落坝构造位于川西拗陷南部，系潜伏短鼻状构造，1987 年四川石油管理局发现，探明地质储量超过 $100\times10^8m^3$，地层压力系数 1.21MPa/100m，含气高度 755.56m，远大于构造闭合高度 390m，该构造属古构造控气类型。

4）新场气田——须二气藏

新 851 井位于川西孝泉—新场—合兴场北东东向大形构造上（图 3），由四川德阳新场气田开发有限责任公司组织部署实施，是该公司工区第一口以探索须二段含气性的勘探井。井位于新场气田 T_5^1 构造反射层五郎泉背斜上（图 4）。该井于 2000 年 10 月钻达须二段中部 4823.2～4846m 的灰、浅灰色细－中粒长石岩屑石英砂岩，遇到良好气显示，并见较多的次生石英晶体（裂缝物证）。在泥浆密度 $1.61g/cm^3$ 条件下相继发生气侵、井涌，经完井测试，地层压力梯度为 1.66MPa/100m，初测求得绝对无阻流量 Q_{AOF} 为 $151.3986\times10^4m^3/d$（封井时系统试井求得绝对无阻流量 Q_{AOF} 为 $314.273\times10^4m^3/d$）。该井为川西单井产、储量最高的气井。

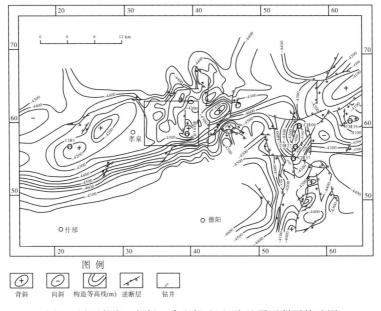

图例

背斜　　向斜　　构造等高线(m)　　逆断层　　钻井

图 3　川西孝泉—新场—合兴场地区 T_5^1 地震反射层构造图

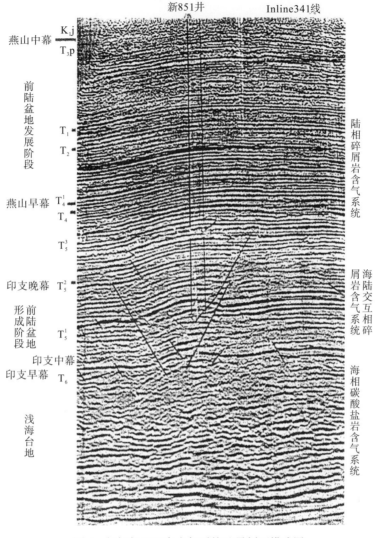

图4　新场气田三套含气系统地震剖面模式图

3. 典型须二气藏勘探的部分启示

1）气藏的分布

须二气藏平面上覆盖了川西前陆盆地3个带。从北段西部冲断片(中坝)到前渊主体中段(新场)、南段(平落坝)及东部斜坡(合兴场)，都发现工业气藏；纵向上，贯穿于整个须二段。有的气田以须二中上段为主(中坝、合兴场)，有的气田从须二顶到须二中下部(新场、平落坝)。须二段砂体从顶到底都很发育，在川西前陆盆地约 $2.5×10^4$ km² 范围内，厚 400~600m 须二段地质体中，凡有圈闭和裂缝的匹配部位都有望找到工业气藏。

2）圈闭类型

须二气藏不是常规储层，它既不是简单背斜圈闭，也不是单一的岩性圈闭。初步实践表明，古构造或古今复合型隆起带控制下成岩(溶蚀)、裂缝复合型控制气藏，大向斜(如德阳向斜、绵阳向斜)中有无须二气藏(深盆气)尚有待探井验证。

3)储集类型

裂缝孔隙型砂岩气藏为主，如新851井F层。个别井、个别段为孔隙-裂缝型气藏，如新853井须二段在851井主产层F层以下的I、J气层，基质孔隙度仅1.7%~4%。经固井射孔测试、输气，日产量由初期的$4\times10^4\,\mathrm{m^3/d}$逐渐递增，至今已超过$8\times10^4\,\mathrm{m^3/d}$，套压由34MPa上升至35.5MPa，表明该井渗流体系在不断解污，不断向外扩展，不断沟通新的含气裂缝。

二、深层成藏研究与新851井孔位论证

(一)深层勘探思路的提出

据1992年所做的二维地震详查资料T_5^1(须二顶)构造图显示，仅在五郎泉处有圈闭面积$1.0\mathrm{km^2}$的小高点，闭合高度60m，有一条约1.2km的南北断层(图5)。在川西地区几个大构造带上，这样的小高点很多，而且须二顶埋深比西边的川孝94井低约200m，是孝泉构造北东东向倾没鼻子上的小星点。因此，过去20多年，在其两侧，先后打探井20多口，没有上新场勘探深层的井，也没有评价新场深层的文稿。

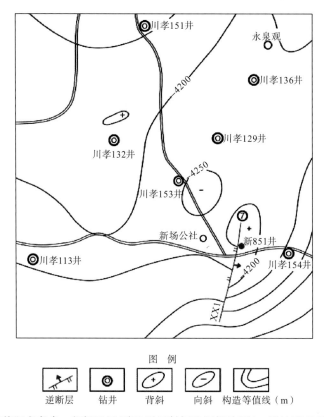

图 例

逆断层　　钻井　　背斜　　向斜　构造等值线（m）

图5　四川省德阳市孝泉—新场地区T_5^1地震反射标准层标造图(二维地震成果，1:500000)

新场公司在新场地区进行中、浅层勘探开发中，鉴于以下因素，必须积极考虑开展深层工作的问题：

（1）浅层蓬莱镇组开发正进入中期；中层沙溪庙组当时的开发，压裂虽突破，但储量仍有限，公司急需寻找后备资源。

（2）新场东有合兴场须家河组气藏，西有鸭子河含气构造，新场—孝泉构造更为完整，面积更大。生、储、条件处于区域有利部位。

（3）浅、中层含气丰度最高，已获得很大储量，气源证实来自深部，据推测须家河情况可能更好。

（4）当时地震资料初步反映孝泉—新场隆起带轮廓，两侧有很深向斜，在新场构造五郎泉地区已明显反映两组构造线，并有小型断裂，推测裂缝更为发育。

（5）侏罗系地层普遍超高压，说明深部目前保存条件仍很好。

（二）新场气田深层成藏与圈闭、断裂研究

为准备新场深层勘探，公司从 1997~1999 年历时 3 年时间，先后委托西南石油局研究院、第二物探大队、加拿大 Veritas 公司，对新场三维地震资料对深层进行了两轮次处理，并组织各方科研力量 3 次对物探处理资料进行研究描述。

图 6　新场气田 T_3^5 地震反射层构造图

1. 新场气田须家河组首次成藏预测研究

1997~1998 年，公司组织西南石油局勘探研究院、第二物探大队联合项目组，根据保幅处理三维地震资料，结合区域钻探实践，对深层首次进行了较系统的研究预测，主要成果如下。

1）深层构造形态特征

新场气田浅、深层存在较大差异，浅层（J）表现为孝泉背斜向东延伸的鼻状构造，基

本不存在构造圈闭。在深层(须家河组)则表现为一走向北东东向复式背斜,其上发育多个走向北东的次级背斜,呈雁行排列(图6),须家河组下段明显,共有5个高点,并由深向浅逐渐消失(表2)。

表2　新场气田须家河组各段构造圈闭要素

层段	要素	川孝162井高点	川孝151井高点	川孝157井高点	新805井高点	五郎泉
T_3x^5	闭合高/m				20	
	圈闭面积/km^2				3.2	
	褶皱系数				0.01	
T_3x^4	闭合高/m	3.5	20	10	20	
	圈闭面积/km^2	4.31	1.05	0.19	0.52	
	褶皱系数	0.024	0.026	0.022	0.026	
T_3x^3	闭合高/m	110	70	60	35	30
	圈闭面积/km^2	4.64	5.44	2.38	2.4	2.65
	褶皱系数	0.063	0.039	0.04	0.023	0.018
T_3x^2	闭合高/m	165	60	35	35	60
	圈闭面积/km^2	6.76	4.4	1.7	1.62	1.5
	褶皱系数	0.0833	0.0488	0.0357	0.0313	0.0313

断裂发育程度,也是深强、浅弱,须二段断层发育,有多条走向近南北和北西向的逆断层,但断层规模小,延伸长2~5km,断距多数小于50km,东部区增大到100km。川孝134井以东南北向背斜(即五郎泉背斜),明显受南北断裂控制。

2)新场气田深层成矿预测

Ⅰ. 有利的成藏因素

(1)T_3x^2存在与合兴场、孝泉类似的平点异常。

川孝93井和合兴100井标定结果通过孝-86-3和兴-87-12(1)线引入新场三维地震区。T_5^1反射波组有4个中-强相位,自上而下分别为:须三底内部反射,须二顶部反射,"腰带子"反射,须二下砂体内部反射。川孝93井气水界面对应的反射波,位于第三与第四相位之间,为断续弱反射,这一反射在剖面上具似平点特征,且可见到相位分叉合并气水边界特征。合兴场T_3x^2气藏也存在平点现象。在新场三维地震剖面上,也具有类似的反射特征。如在Inline250线上,可以非常清楚地看到构造高部位的平点以及相位分叉合并现象,且与川孝93井平点位置一样,与T_5^1反射波隔一个相位,其距T_5^1反射波均在55ms左右。这预示新场T_3x^2段内部也可能存在气水界面。

从另一方面来看,孝泉川孝93井气水界面海拔高度为-4312m,而孝泉构造与徐家场之间的鞍部深度也大致在此,即孝泉T_3x^2气藏充满度基本为100%。从孝泉与新场T_5^1连片构造图可以看出,新场存在几个与孝泉独立的构造圈闭,最低圈闭线为-4300m,结合新场和孝泉须二平点反射距T_5^1反射均在55ms及Inline250线高部位的构造位置与川孝

93 井大致相当，推测新场 T_3x^2 气水界面也大致在 −4300m 上下。

（2）多期次、多方向构造叠加有利于裂缝的发育。

前已述及新场构造经历了燕山期和喜马拉雅期构造变形，构造方向既有北东、北东东向，又有近南北向构造的叠加，由于多期次、多方向构造的叠加，有利于裂缝的发育，从而有利于成藏和天然气产出。

（3）褶皱系数较丰谷、孝泉高。

褶皱系数反映了构造圈闭的变形强度，可据其预测裂缝的发育程度。由表2、表3可知它的褶皱系数介于丰谷(0.02)、孝泉(0.026)与合兴场(0.08)之间。

表 3　川西拗陷部分须家河组气藏特征对比表

气藏名称		中坝	平落坝	合兴场	丰谷	孝泉
气藏		T_3x^2	T_3x^2	T_3x^2	T_3x^4	
褶皱系数		0.182	0.117	0.08	0.02	0.026
储层物性	$\varphi/\%$	6.6	4.49	3.8	6.76	
	$K/(10^{-3}\ \mu m^2)$	0.58		0.01~0.1	0.153	
	$S_g/\%$	57.68		49	47.23	
储集类型		裂缝—孔隙	裂缝—孔隙	裂缝—孔隙	裂缝—孔隙	裂缝—孔隙
气藏类型		边水驱动		底水驱动	边底水	
压力特征		常压	1.2~1.4	超高压	超高压	

Ⅱ. 不利的成藏因素

（1）须二段电阻率偏低，有含水风险。

川孝 93 井电测曲线表明，须二上、下砂体的电阻率偏低，介于 35~45Ω·m 间，随着泥质含量的增加，电阻率反而呈增大趋势，而气水界面处电阻率下降不明显，这预示着砂岩很可能含水。在合兴场川合 100 井、须二气层电阻率高达 100Ω·m 以上，气水界面处电阻率下降明显，且砂岩气层段的电阻率明显高于泥质岩段。如果上述推测成立的话，新场气田须二段含气还是含水便难以定论了。

（2）褶皱系数偏低，裂缝发育程度有限。

由于须家河组储层十分致密，而目前裂缝预测方法技术尚未成熟，所以钻井成功率有赖于裂缝的发育程度。如果裂缝十分发育以至于呈网络状分布，则钻井成功率将很高。从已知气田勘探实践来看，要达到裂缝网络状发育的程度，褶皱系数应大于 0.12~0.18（平落坝和中坝 T_3x^2 气藏），合兴场褶皱系数为 0.08，实钻亦表明其裂缝发育程度有限，钻井成功率只有 50%，而新场 T_3x^2 的褶皱系数仅有 0.031~0.083，裂缝发育程度应十分有限，预计不会优于合兴场，这对钻井成功率的提高十分不利。

（3）T_3x^2 砂体发育程度可能不如合兴场。

由川鸭 92 井—川丰 125 井须二段上部地层，由西向东上砂体逐渐增厚，"腰带子"逐渐减薄。在新场东部须二顶反射波与"腰带子"反射波之间，其相位从东向西逐渐变窄，并存在一相位突变点（物探尖灭点），说明新场沉积特征更接近孝泉，而与合兴场差别较大。据 T_6 至 T_5^1 反射层间厚度由西向东在青岗嘴一带突然减薄也可得出相同结论。川孝 93 井上砂体总厚度 27m，其中较纯的砂岩位于其中下部，仅厚 17m，而川合 100 井上砂体厚达 56m。如果新场上砂体厚度也只有 20m，对于新场这些闭合幅度有限（50～170m）的圈闭来说十分不利。

（4）T_3x^4、T_3x^5 基本无构造圈闭，而须家河组基本为有水气藏，因而不利于规模成藏，只能发育有限的岩性获裂缝圈闭气藏。

Ⅲ. 油气富集部位预测与评价

就整个 J_1—T_3x^2 来说，由于须二段砂体相对发育，存在构造圈闭，保存条件良好，具备良好成藏条件。而其余层位因缺少构造圈闭条件，不利于规模成藏。

Ⅳ. 圈闭资源量

T_3x^2 的圈闭面积以 $-4300m$ 等深线圈定的范围计算，约为 37.74km²。其中新场公司占 17.78km²，有效厚度按 15m 计，其余参数借用合兴场探明储量计算使用的参数，即 φ 为 3.8%，S_g 为 49%，B_g 为 2.62×10^{-3}，根据容积法公式 $G=0.01Ah\varphi S_g/B_g$，求得圈闭总资源量为 $40.23\times10^8m^3$，其中新场公司 42km² 内为 $18.95\times10^8m^3$。

Ⅴ. 须家河组钻井部署建议

根据以上论述，项目组首次提出 3 口井建议（表 4）。

表 4　新场气田须家河组勘探孔位建议表

井号	须建 1	须建 2	须建 3
构造位置	新场 T_5^1 层川孝 151 井北东高点	川孝 162 井北东背斜轴部	五郎泉
坐标	$X=3463000$ $Y=18438260$	$X=3460800$ $Y=18443250$	$X=3458700$ $Y=18439375$
设计井深/m	4860	4860	4860
主要目的层	须二段	须二段、须五段	须二段、须五段
主要依据	①位于 151 井北东高点上，须二顶较气水界面（$-4300m$）高出 100m； ②位于可能北东古隆起上，早期聚集有利； ③应力场反演该处应力值较高，裂缝可能较发育； ④可兼探 J_2s 组 A、C 层	①位于川孝 162 井构造圈闭高部位； ②位于可能北东古隆起上对早期成藏有利； ③该局部构造形变强度较高，位于断层尖灭部位，应力场反演应力值较高，裂缝可能发育； ④位于须五段弱振幅异常附近	①位于川孝 134 井东的高点上，构造位置较高； ②在 T_3x^2 段，井位于一近南北向断裂上盘附近，裂缝可能发育； ③须五段存在高压异常和弱振幅异常； ④兼探 J_2s 组 A 与 AB 层
风险分析	①T_3x^2 不一定为气层，若为气层，也需有裂缝配合，但裂缝因构造形变弱，发育有限； ②J_2s 组 A、C 层在此区含气性变差	①T_3x 是否成藏尚难定论； ②由于局部构造位于近南北向构造形变较强部位，可能对其有一定破坏作用	①可能为晚期构造，含油气性差； ②裂缝发育程度有限，钻井不一定能遇上裂缝发育部位，从而影响产能

对上述的评价与建议，经专家讨论，对成藏大环境和古今复合等有利因素有共同看法，而对于高点、断裂的归位，平点与含水性及井位优选等有较大分歧。因此，公司决定再作进一步研究。

2. 第二次深层孔位探索性论证

1998 年下半年，对三维资料进行含气性特殊处理与解释，并提出须家河组井位建议。经过精细工作，在高点、断裂落实方面有新进展，42km² 区内主要高点是新 805 井区和五郎泉（川孝 134 井东），而且在五郎泉构造东侧发现断裂，即五郎泉高点西介于东西两组断裂之间，并提出孔位建议。

由于原三维数据体采集是针对中深层，深层资料信息不佳，在无特殊处理手段条件下，提供的高点、断裂形变结构与归位，难以说清。为此，公司决定寻找三维资料的最新处理技术，再作进一步研究解释论证。

（三）新 851 井最终孔位论证

1. 通过三维叠前时间偏移处理获得新的地质信息

1998 年年底至 1999 年上半年，将三维数据体送加拿大物探公司（Veritas）作叠前时间偏移处理和 AVO 含气性预测。实施结果是，尽管数据体采集对深层有先天不足，仍较保幅处理成果，在信息、分辨率方面有较大改善，在高点归位、断裂演示上，更合理清晰，尤其在五郎泉高点南翼发现一组近东西向断裂，因此高点的存在有了更大的可信度，决定用新的处理成果针对深层作解释和孔位论证。

2. 深层结构与局部圈闭

1）构造解释

构造解释追踪对比的 T_4、T_5^2、T_5^1 反射波，由川合 100 井 VSP 及合成地震记录标定成果，通过合兴场、东泰、新场连片三维引入（图 7）。

其中，T_4 反射波：以单个中强相位对比追踪，波形连续性较好，西部好于东部；T_5^3 反射波：由于从东引入的 T_5^3 反射波形不稳定，连续性差，不易追踪，往下降了一个相位；T_5^2 反射波：为标准反射波，波形连续性好，易追踪；T_5^1 反射波：为标准反射波，常以 2~3 个强相位出现，波形稳定，本次追踪第一相位。

T_4、T_5^3、T_5^2、T_5^1 的地质属性，分别属于须五段、须四段、须三段、须二段的顶部反射。

2）速度分析校正

时深转换速度模型形成的可信度，对于恢复地下构造真实形态、位置、埋深至关重要。本次是将叠前时间偏移处理的叠加速度体，经和区域上综合对比，利用气田 J_2s 组中深井实钻资料进行处理校正，作出速度体所形成的平均速度平面图与中深井平均速度往下推的速度平面图，趋势是一致的，其速度由南向北，由东向西，逐渐增高，须二顶平均速度由西北 4100m/s 到东南降为 4000m/s。

3）构造形态及断裂特征描述

新场气田位于孝泉—丰谷北东东向背斜构造带上，其 T_5^1、T_5^2、T_5^3、T_4 构造形态上下存在差异，总体有继承性。T_5^1 与原保幅处理成果形态也有变化，在西北角表现为一轴向呈东南的鼻状构造，其上发育 3 个局部小圈闭（图 8），在川孝 134 井以东（即五郎泉）发育一个独立的轴向呈南北的长轴背斜，其西被南北展布的 F1 断层遮挡，长轴背斜闭合高度为 120m，圈闭面积 7.27km^2。向上 T_5^2—T_5^3—T_4，逐渐演变为向东延伸的鼻状构造（表 5），其南翼陡，北翼缓。

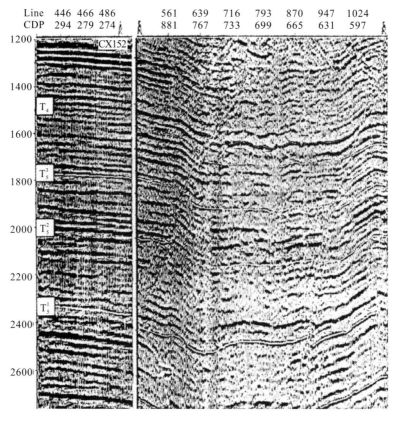

图 7　解释层位标定

表 5　构造圈闭要素统计表

层段	要素	五郎泉	川孝 132 井以西	川孝 151 井
T_5^3	闭合高度/m	20	10	
	圈闭面积/km^2	2.49	1.41	
T_5^2	闭合高度/m	60		10
	圈闭面积/km^2	5.6		2.18
T_5^1	闭合高度/m	120	20	20
	圈闭面积/km^2	7.28	0.89	1.38

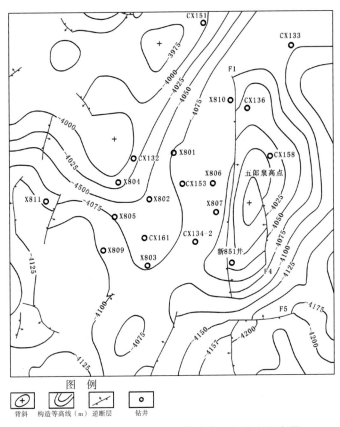

图例

背斜　构造等高线（m）　逆断层　钻井

图 8　新 850 井位于须二段构造的五郎泉高点南翼

　　断裂发育程度在深浅层存在差异，在 T_5^1 和 T_5^2 发育多条断层，断层走向有近南北向、东西向、北东向和北西向。在 42km² 工区内，在 F1 断层规模最大（图 8），其走向近南北、倾向东，平面上延伸近 4km，剖面上向上至 T_5^2，向下断开 T_6，断距较大（大于 50m）。在长轴背斜向南，发育近东西走向，倾向北的 F5 断层，该断层在剖面上断开 T_5^1、T_6，向上至 T_5^2 处，断点清晰。在平面上延伸很长，断距 40~50m。另在长轴背斜东翼发育一条南北向展布西倾向的 F4 断层。经统计，工区内断开 T_5^1 反射界面，断距大于 20m、长度大于 1km 的断层有 9 条，它们方向各异，有东倾、西倾、北倾及南倾的（表 6），表明新场构造先后受过不同期次、不同应力方向的压力作用所致。

表 6　新场气田（42km²）断层要素统计表

断层号	性质	断开层位	走向	倾向	长度/km	断距/m	落实程度
F1	逆断层	T_5^1	SN	东倾	80	4.00	可靠
F2	逆断层	T_5^1	SN	东倾	40	3.10	可靠
F3	逆断层	T_5^1	近 SN	东倾	25	1.00	可靠
F4	逆断层	T_5^1	SN	西倾	20	1.08	可靠
F5	逆断层	T_5^1	SN	西倾	40	1.65	可靠
F6	逆断层	T_5^1	EW	北倾	42	1.95	可靠

续表

断层号	性质	断开层位	走向	倾向	长度/km	断距/m	落实程度
F7	逆断层	T_5^1	NNE	西倾	50	1.75	可靠
F8	逆断层	T_5^1	SN	西倾	20	1.45	可靠
F9	逆断层	T_5^1	NNE	西倾	20	1.25	可靠
F10	逆断层	T_5^1	NW	南倾	20	1.25	可靠
F47	逆断层	T_5^2	近 SN	东倾	46	1.00	可靠
F57	逆断层	T_5^2	WE	东倾	26	1.00	可靠

3. 新场气田深层须二段成藏预测

从川西整个地区看，目前勘探成果相对较好的是须家河组二段。从新场三维前后两轮次处理成果看，须二段局部高点，断裂也相对其上须四段、须五段等发育，所以，这里的成藏预测，主要是对须二段的成藏预测。

1）圈闭可靠性及评价

在工区范围内，前后三轮的研究成果（图5、图6、图8）表明，唯有五郎泉高点始终存在，位置也不变，且一次比一次好，其他局部高点、幅度、位置均在变化中，因此择其优者——五郎泉背斜进行评价。

五郎泉高点处于 T_5^1 整个隆起带上，在其南陡带之上（图6），该隆起带其二维、三维地震资料都表现基本一致，而五郎泉正是在隆起带上发育起来的小高点。五郎泉构造处在断层F1、F4、F5 三条明显断裂边界条件控制区内，高点归位更可靠。

二维地震成果与三维地震两次处理成果的高点均一致，因此评价的可靠性大为增加。

从背斜展布与东西F4、F1断裂延伸方位看，该背斜主要受晚期东西向挤压应力所致，属晚期形成可能性大，但它是在较早的大隆起上发育起来的次级构造单元，因此也可说是古今叠合圈闭。

2）断裂、裂缝发育程度预测与评价

川西拗陷 T_3x 油气勘探实践表明，由于须家河组砂体十分致密，裂缝发育与否是控制须家河组天然气自然产能的关键因素。

Ⅰ. 从整个隆起带上分析

五郎泉背斜是位于北东向大背斜上的南北背斜。孝泉—新场—合兴场 T_5^1 反射层构造图（图6）表明，新场气田位于孝泉、合兴场两个构造展布和断裂发育状况明显不同的地区之间，即新场气田既受北东东向构造带应力影响，又受南北向形变应力场影响，五郎泉西侧一条南北向断裂，叠合在北东东向构造带上，并伴生一个南北向的五郎泉背斜，应是较典型两期应力场作用的复合背斜，或者叫古今复合。这样明显受两组应力所致的构造形变而强度又不太大的背斜，在川西并不多见。这便是新场气田从浅到深裂缝发育而不破，含气丰度高（分别优于东西两侧）的地质构造背景。

Ⅱ. 五郎泉背斜上须二段的裂缝研究预测

（1）褶皱系数。

褶皱系数反映构造的形变强度，表7表明，新场五郎泉背斜的褶皱系数为0.055，介于孝泉和合兴场气田褶皱系数之间，可以推断新场五郎泉背斜的裂缝发育程度高于孝泉丰谷，但不如合兴场构造。

表7 川西拗陷部分须家河组圈闭褶皱系数对比表

构造	中坝	平落坝	合兴场	丰谷	孝泉	新场五郎泉
层位	T_3x^2	T_3x^2	T_3x^2	T_3x^2	T_3x^2	T_3x^2
褶皱系数	0.182	0.117	0.08	0.02	0.026	0.055

（2）多方向的断层有利于裂缝发育，易成网络前已述及，五郎泉背斜上同时发育南北，东西向两组断层，形成与合兴场构造相类似的构造及断裂展布（图6、图8）在两组断层交汇部位易形成网状裂缝。

（3）地层倾角变化带是裂缝相对发育区。

在压性盆地内，地层受应力场的挤压作用，使地层产生上凸或下凹，从而发生断裂、褶皱，而倾角变化部位是应力增大或释放的部位，其隐、显裂缝也相应发育，尤其从陡到缓的向外挠褶区，而两个方向倾向变化带交错部位为裂缝最发育区，五郎泉背斜南端便属此类区。

（4）相干数据体对五郎泉造裂缝发育的预测。

三维相干数据体通过对一定时窗内地震波形纵向和横向相似性的判别，得到地震相干性的估计值。此法对新场深层裂缝预测有参考意义。从新场 T_5^1 沿层相干切片上（图9），可以分辨出 T_5^1 主要断裂的展布情况，即破碎带主要分布在五郎泉背斜构造南端，南北向F1、F2、F3、F4断层及北东向F6断层和东西向F5断层末梢，均显示出成片、成带的低相干值区，预示着这可能是一片裂缝相对发育区。

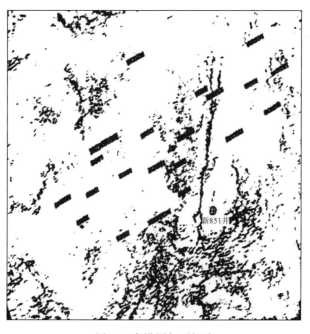

图9 T_5^1 沿层相干切片

Ⅲ．油气富集部位预测与评价

在致密砂岩领域，油气富集与否取决于 4 个因素：烃类、储层（有一定基质孔隙的砂体）、圈闭（有一定超压系数）、裂缝发育状况。从前面论证资料看，新场气田五郎泉构造此四个条件都具备。尤其南端曲率变化带上沿，应是天然气富集的有利部位。

4. 新 851 井位确定

在经过两年三轮次物探资料的多次处理，认识不断深化，新场五郎泉背斜面貌较真实地显现在人们面前。1999 年 8 月 13 日专家咨询会上，专家意见趋于一致，同意新 851 井定在五郎泉构造高点偏南部位。孔位确定后，关于勘查目的层，专家之间有很大争议。一种意见认为，红层气主要源自须四、须五段，孝泉川 93 井、川 94 井、川 96 井的上述层位已达到工业气流标准。向深部进军应循序渐进，先攻须四段、须五段，不同意打超深井探须二段。但多数专家认为，须二段大砂岩上有非常良好的封盖层须三段，川西高产井都在须二段，五郎泉构造和裂缝特殊优势也在须二段，须四段、须五段基本上没有构造圈闭。经过反复论证，特别是第三次的经新场三维数据的迭前时间偏移特殊处理、精细描述及深入论证，将须家河组致密砂岩气藏富集地质因素和精细的物探工作对高点、断裂、裂缝归位达到了统一，新场公司选定了投资高一倍的须二段为主攻目的层，井位首选新场五郎泉背斜南部。

1）井位确定

(1)井位构造位置：T_5^1 构造图五郎泉背斜构造南部（图 8）。

(2)井口坐标：$X=18439245$，$Y=3458595$。

(3)主要目的层：须家河组二段，兼探须家河组四段。

(4)设计井深：4600m，预计须二顶井深 4530m。

2）主要地质依据

(1)井位位于构造较高部位的陡缓转折处。

(2)相干数据体显示为南北向断层及东西向断层共同发育部位（图 9），两个方向应力作用，有利于形成网状发育裂缝。

(3)须二段地震相图显示，井位处在须二上砂体及腰带子波形与合兴场高产井波形相似。

(4)可兼探须四段及 J_2s 组 A、AB、C 层，减少风险。

5. 新 851 井位现场勘定与调整

在现场勘定井位时，鉴于建议井位的井口位于孝－黄公路南侧，地面施工较难，又靠近民房，从安全和施工考虑，将其孔位移到北东 206m 处的孝－黄公路北侧。原拟打定向斜井至靶点，后经新场公司对裂缝分析，认为新进口仍在裂缝发育区，同时对 AVO 研究发现，新井口位置略好于建议靶点，构造部位高 10cm 左右，决定仍打直井。最后勘定新 851 井，井口坐标：$X=18439393$，$Y=3458738$。地震测线（"加拿大"处理编号）Inline335，Crossline278。

（四）孔位确定后的风险分析与对策

1. 部孔后的地质风险分析

1）圈闭风险分析

须家河组气藏的前景决定于控气"构造单元"。一是含气范围受二级构造单元的隆起带控制，气藏高度大于局部闭合度，须二段、须四段都会有工业气藏聚集，即气水界面不受局部圈闭溢出点控制，或者本来就没有区域性底水，则其含气面积大（大于 20km²），气藏高度 200m 以上，其地质储量超过 $100×10^8 m^3$。二是含气范围受隆起带上局部构造圈闭控制，即在局构造圈闭外储层含水不含气，则其含气面积有限，气藏高度在 100m 内，其地质储量约 $50×10^8 m^3$。

因此，查明新 851 井的须二段气藏高度十分重要。据川合 100 井含气高度（4710～4527m）183m，分析川孝 93 井含气高度预测 112m（4755～4867m）。五郎泉构造须二段气藏高度是在孔位论证，甚至钻井期全过程中，各方专家关注的焦点。

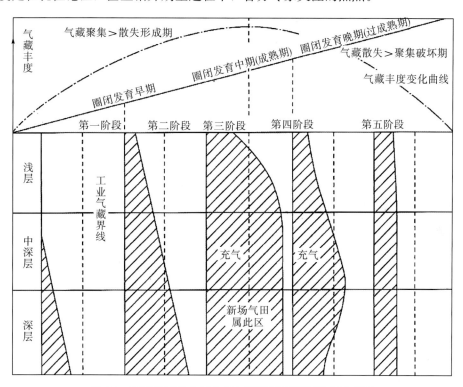

图 10　川西各层系含气丰度与圈闭发育程度关系示意图

在川西地区近 6000m 碎屑岩，其下部气源层中，有生、储、盖多套组合，上部侏罗系红层也有数十套储盖组合，如果将其分为浅层、中深层、深层三个层次，便会得出"川西地区纵向各层系含气丰度与圈闭发育程度关系"（图 10），图中含气丰度分五个阶段，基本概括了川西地区各构造含气状况。具体到新场气田，根据隆起带（二级构造带）的强度及中浅层近 3000m、地压系数 1.4～2.0MPa/100m 的含气丰度预测，其二级构造带含气丰度属于第三阶段：浅层、中深层、深层都有工业性气藏（"满构造成藏"），即新场气田须二段的局部（三级）高点（背斜）不理想，闭合高度约 100m，其面积最大仅 7.8km²，但新场气田 T_5^1 反射层的二级构造，南北向斜深度达 300～600m，它是一个具有早期成型的北东向古隆起，跨度（宽）超过 10km，长度大于 40km，隆幅虽大，而新场地区穿过 T_5^1 的 F1、F5 大断层上延伸至须四段都已消失，在迄今仍有烃气源供给条件下，天然气充满二级构造单元的可能性大。即局部闭合高度以下，不一定含水，而是含气。

2000 年 9 月，新 851 井钻过原设计目的层 4763m 时，气显示并不理想。新场公司组织专家咨询会，在是否加深的问题上，有专家担心构造闭合度小，穿过储层溢出点之下，水层堪忧；经过深入分析后基本统一了认识，超致密砂岩不是常规构造气藏，不存在统一气水界面。裂缝网络带气水分异，只有大气才有较大水层，川合 100 井下部大水，上部仍可采气。会上，新场公司决定加深，有水也不怕，一直打到气层为止。

新 851 井先后两次加深，在超过五郎泉背斜闭合高度 100m 时，见裂缝系统含气、井漏、井涌、完井获产（图 11）。2004 年投产的 853 井，须二射孔气层垂深达 5000m，超五郎泉闭合高度 250m，稳采气，未见水。展示了新场深层巨大的资源潜力。

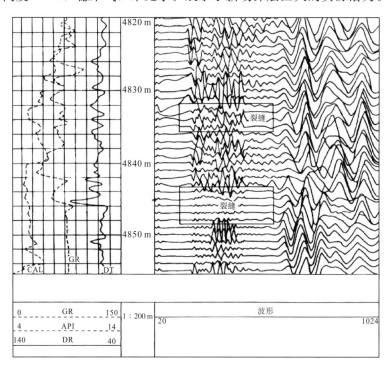

图 11　新 851 井须二段 4823～4846m 深 F 气层全波波形图

2）关于储层保护分析的对策

由于天然气具有被压缩的特点，钻进中当井筒泥浆注的压力（压强）大于地层孔隙或裂缝中的流体（气）压力时，泥浆便进入孔、缝中，其中的固相也依缝孔大小进入地层不同深度。据统计研究，当泥浆柱压力大于地层压力 6～8MPa 时，致密砂岩滤失半径为 13～83cm。对裂缝污染情况：当缝宽大于 53μm 时，泥浆就会漏失，其污染半径达 100～500cm，从而导致气体向井内渗流，对通道造成严重伤害（堵塞），超压越大，污染越严重，见表 8。

表 8 完井与储层污染系数、产能对比表

构造位置	层位	井号	完井方式	泥浆当量密度与地压系数差值	录井显示	表皮系数	产能/($10^4 m^3/d$)
合兴场构造	T_3x^2	川合 100	后期	0.015	气异常、裂缝发育	-1.74	34
	T_3x^2	川合 127	先期	0.15	异常明显、裂缝发育	$+8$	16
	T_3x^2	川合 137	先期	0.15	裂缝发育	$+15$	11
丰谷构造	T_3x^2	川丰 125	后期	>0.4	井涌、气侵、裂缝发育		无产
新场	T_3x^2	新 851	先期	$0.02\pm$	气侵、井涌、裂缝发育	-7	无阻 $325\times10^4 m^3$，产 $7.0\times10^8 m^3$，封井射孔，在井口压力 4MPa，日产 $177.0\times10^4 m^3$

同样泥浆柱超压条件下，污染程度与浸泡时间成正变关系，时间越长污染越重，固相或滤液因温度、压力引起物理化学变化而固结，替喷时很难完全返排解堵。表皮系数 S 是反映污染程度的系数，S 越大污染越严重，负数最好，如川合 100 井，表皮系数 S 为 -1.74，产能也高。而新 851 井近平衡钻进(泥浆密度 $1.7g/cm^3$)，揭开气层到替喷仅 4 天浸泡，其表皮系数为 -7，日产 $50\times10^4 m^3$(套压 50MPa)，后因井口漏气封井时，井口压力下到 42MPa，日产气 $177\times10^4 m^3$。

Ⅲ-10　川西新场气田须二气藏开发潜力的探讨[*]

符　晓

新场气田从 20 世纪 80 年代发现红层气以来，至今已 35 年。在陆相先后发现开发 4 个气藏，即 J_3p、J_2s、J_2q 及 T_3x^2。这 4 个气藏现状是：

(1)J_3p 组，探明储量 $227×10^8m^3$，采气 $89×10^8m^3$，采/储比 40%。

(2)J_2s 组，探明储量 $595×10^8m^3$，采气 $154×10^8m^3$，采/储比约 30%。

(3)J_2q 组，探明储量 $11.7×10^8m^3$，采气 $11.7×10^8m^3$，采/储比 100%。

(4)T_3x^2 组，探明储量 $1211.2×10^8m^3$，采气 $21×10^8m^3$，采/储比 <2%。

这个现状表明什么？红层当年看不起的"过路气"，实施开发后却是最好的，也成为西南石油局这些年生存发展的支撑，而须二段储量最多，但采气最少，现在日产约 $40×10^4m^3$。有人问，J_3p、J_2s 组靠什么能够成功开发，那就是"气化成藏"模式的"大脑"，加上描述、压裂"两条腿"，走出了一条气花盛开的开发之路。

有道是：

亿年气化满盆气，隆破上盖富集区；

描述压裂两把剑，剑入靶点虎出山。

须二段这个体大、埋深的气藏在川西既诱人，又难捕获，除邻区中坝、平乐坝开发成功后，进入川西盆地三个构造，经近 30 年探索，有喜有忧，合兴场早期 100 井、127 井、137 井成功后难推动，新场早期 851 井、853 井、856 井、联 150 井、新 2 井后又难建产，怎么才能成功开发呢？看来要调整思维，重选利剑来对待这个难捕之虎，下面就从须二段开发的资源潜力、建产技术潜力、运作机制三个方面做点粗浅探讨。

一、须二段的资源潜力讨论

(一)体系潜力指标

体系潜力指标指含气高度和闭合高度的比值，其值大于 1 则认为有潜力。

我们初步研究川西几个勘探开发的气田、构造潜力指标：

(1)中坝气田须二段含气高度 895m，闭合高度 246m，潜力指标 3.5，如北高区中 4

＊ 论文注释：论文撰写于 2015 年 11 月 8 日。

井经气水同采，采气已大于 $7\times10^8\mathrm{m}^3$；这个小而肥的中坝，须二段闭合面积 $7\mathrm{km}^2$，含气面积 $24.5\mathrm{km}^2$，原计算储量小于 $100\times10^8\mathrm{m}^3$，已采气大于 $100\times10^8\mathrm{m}^3$，现在还有约 $70\times10^8\mathrm{m}^3$ 可采，这里面暗藏采补一体效应。

（2）新场气田须二段含气高度大于 340m，闭合高度 80m，潜力指标大于 1.9。

（3）丰谷构造含气高度大于 121m，闭合高度 70m，潜力指标大于 1.7。

（二）能量潜力指标即地层压力系数

地层压力系数代表气藏"中气"。如新场、合兴场、丰谷须二段压力系数大于 1.4，属于高压气藏，有"中气"的气藏。

（三）讨论开发须二气藏的新概念

一是从天然气富集规律考虑。是否将海陆结合部的碎屑岩当成一个天然气富集体系。天然气这个"气虎"，只认"居住空间"，不认"谁家房屋"；因此建议将侵蚀面以上到须二大砂体顶，视为一套含气体系，总体厚度也是各地差别大，川西地区为 $500\sim800\mathrm{m}$，它们之间没有稳定且大于 10m 以上的隔层；（如图 1 所示）虽是不同区块，且部位也不同，但压力系数与上部须三段、下部雷口坡组有明显差异。

二是从非均质体系考虑。宏观砂体厚度大、砂页岩互层，但其孔缝破裂状况不受上下局部岩性限制；面对结构不均、破碎随应力变化的状况，无论横向、纵向都是随机的。如新 851 井须二顶深 4635m，进入须二段约 130m 才遇气层，完井深度 4870m；新 853 井是跟踪新 851 井的主产层，钻到同一层位却不见好显示，加深 144m 见气显示，于垂深 4978.5m 完井，射孔测试获产 $8.7\times10^4\mathrm{m}^3$，即进入须二段厚达 343m 才见气获产，采气已超过 $1.3\times10^8\mathrm{m}^3$。表明受岩石破碎影响，含气丰度及深度具备宏观有规律、微观多变数的特点。

三是从遇缝破碎获产概率考虑。横向上、纵向上都要放开，如果采用新概念的须二段，即将海相顶侵蚀面到须二段大砂体顶视为一体，其储量比目前计算的多 $50\%\sim100\%$。

总之，资源的评估、认可是基础，是信心的支撑。

二、探索创新"一井多点、网络建产"模式

面对这个资源上千亿立方米，埋深 $4000\sim5000\mathrm{m}$，丰度又不均匀的优质资源状况，能否借用当今先进的工艺技术，将原来的一井一点的"点式捕气"改为"一井多点、网络建产"模式。具体如何运作，能否探索？

（1）纵向上：从须三底→须二段→马鞍塘，把长约 800m 井段都视为一井目标，即首选一目标打直井，不见工业气流不完钻，直到雷口坡顶。这个过程是否能给现场主管技术者一个据实而调的空间。

（2）横向上：利用直井眼打定向斜井，如果直井眼某层获高产，也可在同井场打定向斜井，而直井经采气到后期可以在直井内侧钻。若一井能同时几个点采气，那是最好的，

此技术可探索，也可到国外调研、引进，一旦成功须二平台就大了。

（3）网状式复活老井。特别是 F1 断裂以西，据相关资料 2015 年 8 月统计，近年打井 15 口，证实储层连片稳定，测试产量 0～32.0×10⁴m³/井；试采 5 口井，三个月单井日产下降到 0.3×10⁴～4.0×10⁴m³，合计日采气 7.0×10⁴m³，8 月底累计采气 0.49×10⁸m³，现日产 6.68×10⁴m³，水 2.0m³。对这批老井，能否对地震、录井、测井、试采等资料综合筛查，到底是气窝不准还是气路不通，选有潜力的点、层，进行压裂或打斜井符合其应有产量。

三、须二段建产三把利剑

第一把利剑：描述慧眼，找准虎巢。地质学者充分利用三维地震资料，分析地应力方向与断破带的组合，选择最大机遇的破碎区、带的靶点目标，面对厚达 600～800m 的储层段，最好一井眼穿过有两个以上的靶点，以降低不遇破碎的风险。

第二把利剑：储层保护，道通气出。压裂技术尚在探索条件下，欲获产，先保护，即先期采用长井段衬管完井方式，限定揭开储层到提喷时间小于 6 天，尤其选用优质泥浆揭开储层。川合 100 井、新 851 井都是成功的例子，可借鉴。

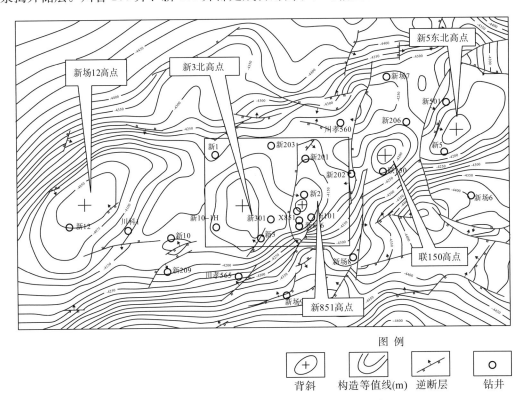

图 1　须家河组二段顶面构造图

第三把利剑：压裂开道，气虎出山。川西须二段若压裂成功，将打开川西陆相资源最大的层位——数千亿资源的开发大门，将超过当年新 811 井、沙溪庙组首次压裂的成功(结束了十多年的困惑，实现有效开发的局面)，结束川合 100 井发现川西须二气藏后至今 30 年开发困难的僵局，走上一条稳定规模开发清洁能源之路。

四、改革运作机制，实行"首尾归一，命运一体"模式运作

(1)"首尾归一"是油气系统勘探开发作业中直线、曲线两种思维模式，其直线思维是各个作业环节者，只考虑自己利益而走直线(图 2)，不考虑最终成果者是回不到起点的；而曲线思维是十几种单独作业每个环节，运作中都要考虑最终成果，走曲线回到起点的目标处，即"归一"。而对于建井建产系统十多个作业中，任一环节走直线，便回不到起点上，特别在市场经济的今天，又是隐蔽性强的行业，其主持者都会有这个哲学思维并实施，方能回到起点，如图 2 所示。

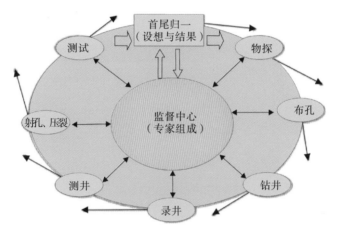

图 2　油气系统工程"首尾归一"模式图

为什么这么说，曲线思维图示表明，曲线上每一项作业成功与否事关全局，只有每项作业都成功(全走曲线)，方能回到起点"归一"。在油气勘探中是没有中间产品的，每项作业都无回头路可走，这也是笔者从事油气勘探开发经历的一点感受。

(2)"命运一体"指这个产业作业环节多，独立性、隐蔽性强，但成果只有一个，所以各作业单位的收益自然应和最终成果捆绑在一起，即成果决定收益；同时也可以推动各个作业单位互相鼓励、监督，因为作业收益是同命相连的。看来这个隐蔽、非均质、埋深的天然气勘探产业，不能全借用地面人为工程的组建、开发那一套运作模式。

此设想也涉及体制改革问题，当局也可划分一区块进行探索。

一言以蔽之：

一井多靶网络捕，靶准道通虎现身；

千亿资源胸中存，哲学思维助创新。

Ⅲ-11　丰谷构造滚动勘探开发天然气的构想[*]

符　晓

地居四川绵阳市东南约 15km 处的丰谷构造，是经西南石油局做过地震详查和初步钻探的含气构造。

地震、钻井资料显示(图1)，该构造为燕山期到喜马拉雅期多期构造运动形成的古今复合正向隆起，地覆有多层正向构造圈闭。1988～1995 年先后在构造上钻探井 4 口，各井从浅到深(200～4500m)发现多层含气显示(K_1j—T_3x^2)，4 口井也在不同层位获工业气流，只是由于气层出水，或因工程工艺而未能稳产。地质认识也因此产生分歧而停止勘探。

我们在分析部分资料及西部大开发形势后认为，勘探开发丰谷构造天然气，属于"有资源，有市场两头在握"的产业。实施勘探开发既有风险，也有成功的希望，总体是希望大于风险。

一、丰谷构造具备形成中型以上气田的成藏地质环境

从烃类资源、构造圈闭、含气层系几个方面进行讨论。

(一)地下天然气资源丰富

丰谷地区处于川西上三叠统煤系地层生烃丰度 80×10^8～$100\times10^8 m^3/km^2$ 地区，初步钻探资料显示，从浅 300～4500m 都有气显示，在气源层附近压力系数达 2.0 以上，镜质体反射率 R_0 分析为小于或等于 2%，按天然气演化进程属中期盆地($R_0 = 0.5\%$～2.75%)。这表明煤系地层至今仍在不断裂解生产大量的天然气，从而保证了各气层烃气的供给、补充(图2)。

(二)生烃凹陷中的大型隆起具有形成规模气田的普遍性

丰谷构造处于孝泉—新场—罗江—丰谷北东东向隆起带上，其西侧新场构造已为大型气田，日产气量达到近 $300\times10^4 m^3$，天然气储量大于 $800\times10^8 m^3$，东部的八角场构造是储量大于 $400\times10^8 m^3$ 的大气田。

---

* 论文注释：论文撰写于 2000 年 8 月 26 日。

丰谷构造南北两侧向斜其勘探目的层段相对比丰谷构造轴部深 200~400m，是有利于天然气长期运移指向的构造(图1)。

(三)丰谷构造活动强度适度

丰谷构造属聚气圈闭发育成熟度早中期的构造，从地震二维详查资料表明，该构造隆升幅度 200~400m，各层闭合高度 50~200m 内，中深层有数条断裂，但通天断层尚未发现，天然气总体处于聚集大于散失的动态阶段。浅层、中深层、深层都有天然气聚集，尤其中深层显示好，压力系数高(1.4~2.0)，找到中型以上气藏希望大(图2)。

(四)多套含气组合是减少钻探风险，形成中大型气田的重要因素

统计分析全球大气田其气藏组合情况，大致分两类：一是一些陆相碎屑岩领域，大气田都有 4~8 个气藏组成，如苏联大气田，平均由 5 个气藏组成，世界第一大气田乌连戈伊由 15 个气藏组成，1100~3600m 井段，储量 $7.8 \times 10^{12} m^3$；二是大气田仅由 1~2 个气藏组成，如我国南海岸 13-1 气田，一个气层，深 200m，储量 $1000 \times 10^8 m^3$。这类大气田，多由海相稳定厚大储层形成。

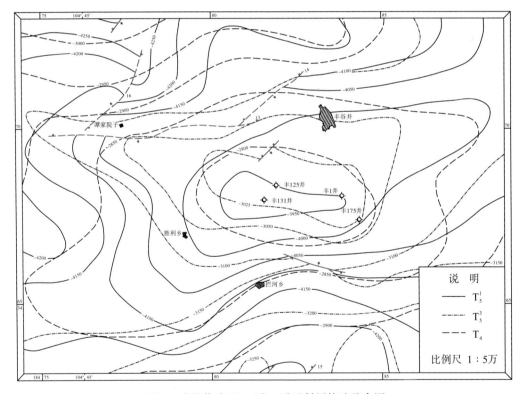

图1　丰谷构造 T_4、T_5^3、T_5^1 反射层构造叠合图

地震反射层	地质层位	预计埋深/m	岩性剖面	主要岩性及含油气预测
T₁	Q+K₁j	400	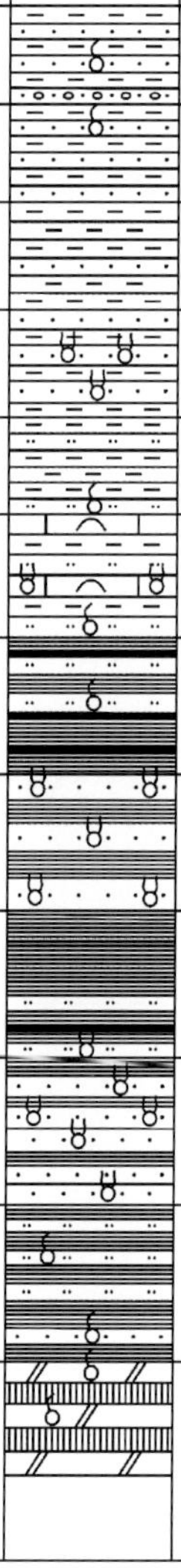	棕黄色泥岩与褐灰色砂砾岩互层，砂岩局部含气
	J₃p	1370		棕红色泥岩与褐灰色砂岩互层，中上部砂层含气
T₂	J₃n	1880		紫红色泥岩夹褐色岩悄砂岩，区域盖层
T₃	J₂s+x	2860		棕红色泥岩与灰白色长砂岩不等厚互层，砂岩含气
	J₂q	2970		棕红色泥岩夹灰白色石英粉砂岩，底部砂岩含气
T₄	J₁z	3170		灰黑色泥岩与介壳灰岩互层，夹粉砂岩，后两者多含气
T₅³	T₃x⁵	3460		黑色页岩为主夹煤层与粉砂岩，粉砂岩多含气
T₅²	T₃x⁴	3920		灰白色中-细粒长砂砂岩夹黑色页岩，砂岩含气
T₅¹	T₃x³	4380		黑色页岩夹煤线，下部有粉砂岩，含气
	T₃x²	4750		灰白色中-细粒石英砂岩夹黑色页岩，砂岩含气
T₆	T₃t	5000		灰黑色页岩夹灰白色石英细-粉砂岩，可能含气
	T₂l⁴			黄灰、灰白色白云岩与硬石膏互层，前者含气

图 例

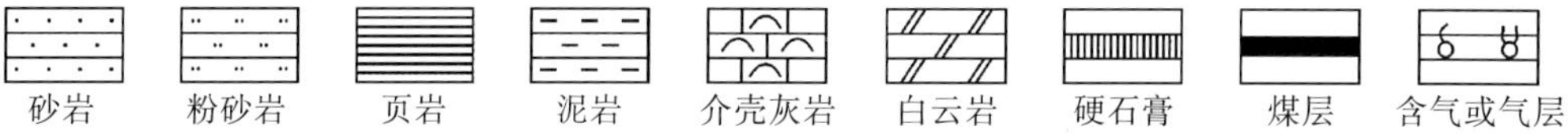

砂岩　　粉砂岩　　页岩　　泥岩　　介壳灰岩　　白云岩　　硬石膏　　煤层　　含气或气层

图 2　丰谷构造地质油气综合剖面

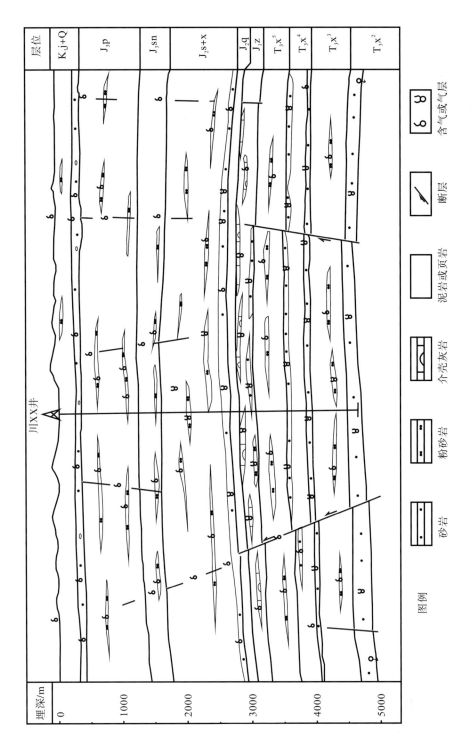

图 3　丰谷构造成矿预测示意图

初步钻探丰谷构造，揭示其从浅至深有五套含气层系，即 J_3p、J_2s、J_1b、T_3x^4、T_3x^2(图3)，实际上随着钻探不断揭露，开发层系还会增加。其储层砂体虽然致密，却仍有 $4\%\sim17\%$ 的孔隙，其孔隙压力系数也较高，在裂缝系统和压裂工艺配合下，可望形成多套工业性气藏。邻区勘探开发实践表明，对于评价陆相地层勘探远景，其含气层系多少，压力系数高低，是影响气田总丰度和效益的重要因素。川西新场气田每个砂体丰度并不高，单井日产也不大(平均日产 $1.0\times10^4m^3$/井)，但却形成日产达 $300\times10^4m^3$，储量超 $800\times10^8m^3$ 的大气田。就是因为有纵深2200m的含气段，五套开发层系。因此，在当今新技术支撑下，注意哪些构造隆起幅度虽不大，但在从浅至深、满构造含气(气化)的领域，是川西乃至类似盆地找气或找大气的重要目标。

这次再度建议提出勘探丰谷构造，就是看到它有多圈闭及多套含气层系(表1)，又有较高压力系数的条件。

表1　丰谷构造地腹圈闭及实钻埋深表

地震波组	地质属性	闭合度/m	闭合面积/km²	125井实钻井深/m	海拔/m	说明
T_1	J_3p底			1374.5	−923.5	
T_2	J_3n底			1879.0	−1428.0	
T_3	J_2s底			2595.0	−2144.0	
T_4^1	J_2q底	50.0		3023.0	−2572.0	
T_4	J_1b底	90.0		3183.0	−2732.0	
T_5^3	T_3x^5底	45.0		3455.0	−3004.0	
T_5^2	T_3x^4底	60.0		3910.0	−3459.0	
T_5^1	T_3x^3底	70.0		4379.0	−3928.0	

综上所述，丰谷成藏地质环境是：烃源岩演化属中期，圈闭发育属早中期，含气层多套，即"二中一多"的成藏环境。

二、勘探丰谷构造的指导思想及近中期目标设想

(一)承认勘探难度及复杂性，坚信资源与新技术，锲而不舍地工作

如果没有难度，已采气的三口井，不会很快递减至关井，地质认识上不会产生分歧，勘探也不会停止。因此，新一轮工作，必须在充分认识其难度，认识其复杂性的基础上，拟定勘探思路，制定勘探对策。

难度是什么呢？总体讲，丰谷构造的勘探属致密、超致密碎屑岩气藏的勘探开发，是世界性难题。而储层致密、深埋、分散，是造成丰谷构造勘探效益不好的客观因素。然而，仔细分析各井状况，采气效果不好，除地质因素外，还与思维方法和技术因素有关。因此，欲有效地勘探开发丰谷构造这样的气藏，既要调整观念、思路，又必须借用

当今世界先进技术于勘探开发各环节中。

今天再度上丰谷构造的底牌是什么呢？是资源，是新技术，是我们已初步查实丰谷构造地下有丰富的天然气资源(过百亿立方米)，而且是无 H_2S 的优质能源。我们已经知道或掌握了如何勘探开发这类资源的新工艺、新技术，加上锲而不舍的工作态度，坚信再度勘探丰谷是会成功的，这就是勘探开发丰谷构造天然气的指导思想。

(二)勘探开发目标

目标是方向，是动员令，是凝聚力，是希望所在。

就目前掌握客观资源及主观技术情况，暂拟定中期、近期两个阶段不同目标。

1. 中期目标

计划用六年左右的时间，投资人民币 4 亿元，建成日产气 $100\times10^4m^3$，获地质探明加控制储量 $100\times10^8m^3$，达到中型气田规模。即"6·4·1·1"目标。

实际若完成这目标后，其产出已大于 4 亿元，全部投入已收回。

2. 近三年目标

用三年时间，投资 2 亿元，建成日产气 $40\times10^4m^3$，地质储量大于或等于 $40\times10^8m^3$，完成 $100km^2$ 左右三维地震及依托地震资料的储层描述，完成多层位气藏评价，为第二阶段建产打基础。即"3·2·4·4"目标。

完成这一阶段任务，其年产值达 7 千万元，可以作为第二阶段投入，进行滚动。因此，实际只要有 1 亿元资金垫底，本项目就可以进行下去。

三、单井建产目标设想

打井是进行勘探开发天然气主要投入项目，一般占其费用总额 70% 左右，其单井稳产气量大小便是成败关键环节。分析该构造已钻几口井资料，预计各气层产能及投入是：

(1) J_2s+J_1b 组气层，井深 2700～3200m，单井日平均稳产 $2\times10^4m^3$，投入约 800 万元/井。

(2) $T_3x^4+T_3x^2$ 组气层，井深 3500～4500m，单井稳产 $4\times10^4m^3$，投入约 1500 万元/井。即单井建产加油建采输每井 1600 万元计，若日产气 $3\times10^4m^3$，三年可收入 $3\times360\times0.5=1620$ 万元，考虑单井产能递减及其他因素，平均四年可收回成本。

四、勘探丰谷构造天然气技术思路

(1) 立体勘探，重视发现，以中深为主，兼顾浅、深。

(2) "新观念、新思维、新工艺、新技术"，是实现丰谷构造有效而科学勘探开发的战略性技术思路。

(3)储层描述部孔，定向钻井技术，压裂增产工艺、完井方案优选，是取得单井建产成功的 4 项关键技术。

五、关于"3·2·4·4"目标设想

(1)以 J_2s、J_1b、T_3x^4 三层作为评价、建产的主要目的层，兼顾浅层气的发现。

(2)老井挖潜、评价探路。

利用工区几口老井，或加深，或压裂，或侧钻评价 J_2s、J_1b、T_3x^4 气层。达到缩短储层评价周期，探索对路技术，节约开支的目的。

若选川丰 131 井、川丰 175 井、丰 1 井三井挖潜、改造共需投入 1800 万元，可望获气层 2 层，日采气达 $5 \times 10^4 m^3$ 以上。具体设计部署另定。

(3)打好第一口新井。新井部孔条件：一是精心处理已有二维地震资料(尤其 1989 年资料)，进行构造断裂组合解释；二是取得老井两层以上评价资料或产能。具体满足下列条件方能部孔。

第一，有详细构造断裂组合图件；

第二，有过去已知井含气地震响应信息；

第三，选准了两个以上勘探目的层；

第四，选最好钻井队伍，最新录井、测井技术及最好完井方案。达到一评价、二建产的目的。

(4)在有 1~2 口井获日产 $5 \times 10^4 m^3$ 稳产，及分析二维地震资料基础上，选 100km² 左右面积，作三维地震，并完成解释工作或首次钻井验证工作，为第二阶段上产部井准备资料。

(5)此阶段共修井、打井 10 口以上，加上物探、油建预计共投入 1.8 亿~2.0 亿元，建产稳输 $40 \times 10^4 m^3$ 以上，获储量(控制)大于或等于 $40 \times 10^8 m^3$。

此设想表明，第一阶段(三年)投入大些，即投入 2.0 亿元，输气 $40 \times 10^4 m^3$ 以上，主要是基础及探路工作量大些，如三维地震工作、油建工作、科研工作、压裂探索等，这些工作做好了，对后三年建产更主动。预计后三年净建产达到 $80 \times 10^4 m^3$ 的规模，加上前三年的总合，才能够保证日采气 $100 \times 10^4 m^3$，其储量增到 $100 \times 10^8 m^3$，探明储量必须大于 $60 \times 10^8 m^3$，确保一定稳采期。

以上设想仅是依据已有资料和当前技术情况的构想，也是给投资者一个底牌，在实施中由于地质的新情况及新技术、新观念、社会需求等因素，一定会有调整、发展和完善。

Ⅲ-12　在油气普查勘探、开发实践中形成的技术思路和观点[*]

符　晓

经过数十年的勘探、开发和实践，逐渐领悟出川西地区一些油气成藏主要的地质大环境因素、勘探油气的战术及开发思路。归纳起来大致如下。

一、油气成藏观点

(1)C及C的化合物烃类，从天体到地幔是很丰富的，沉积岩系列中的有机物可以生成烃类，地幔的C元素在特定的温度压力下也可转化为烃类系列物，有机成因与无机成因彼此并不具有排他性，可以单独形成油气藏，也可混合形成油气藏，视地质条件而异。

(2)全球大油气区的分布，受控于大陆板块离合部，深大断裂、裂谷、地堑及火山喷发带，那里既有油气运移的良好通道，又有巨厚沉积岩系形成的多套储盖体系，如欧非、亚非板块离合部的巨型油气区，集中了全球50%的储量；南北美洲离合部，太平洋两岸的拉张、俯冲断裂带，我国大庆、西伯利亚油层是典型陆隆拉张盆地。总之，哪里地幔隆升与沉积下陷的镜像反映最好，哪里便是寻找大油气田的有利区。查看全球所有大油气田，没有一个不和断层有关。当然断裂的作用可聚、可散，无散不聚，有散有聚，对立统一于相对圈闭地质体中。

(3)油气储集层、盖层具有相对性、暂时性，在一定条件下可以互相转化，并随技术的发展而发展。油气富集的丰度主要取决于储层物性、圈闭的规模及盖层的封盖能级。从地理角度讲，任何油气田都遵循聚集、富集、散失破坏的过程。它一定遵循"在宇宙中只有产生与消亡，决无存在"的自然辩证法。

(4)辩证地对待古今圈闭，重在考察现今状况。油气富集、散失是与沉积盆地中的圈闭同步发展、形成、破坏的。

总之，那些下有来路(断裂系统)、上有仓库(储渗体)的地方是形成油气藏的有利场所。

＊　论文注释：论文撰写于 1999 年 10 月。

二、关于油气普查勘探的感悟与结论

(1)有人说："油气田首先在地质家的脑海里"，如何做一个优秀的勘探选区地质家呢？笔者从实践中感受的是："基础理论＋丰富实践经验＋良好的哲学思维＝成功的油气藏预测"模型。

(2)勘探的指导思想，遵循偶然性与必须性的对立统一，有目的层却不唯目的层论，实行"藏无常型，勘勿死规，唯实而策，乃为上法"的原则。宏观评价一个构造或圈闭有油气，但一个小小的钻头经过处是否会遇到油气，是受钻头所经过部位的裂缝，孔渗性等微观地质事件制约的，具有随机性。

(3)在拟定普查、勘探，乃至开发井的具体施工中，实行"精心部孔，重视录井，注意发现，抓住机遇"的原则，川西地区一批发现井，基本上是在这种战术思想指导下发现的。

(4)对钻井(油气普查、勘探井)的概念应赋予具体的含义，并让工程施工的主管，技术人员明白、接受，我们在新场气田开发中提出：

①打井是发现油气、保护油气、解放油气的过程；

②打井是获取评价、计算储量各项资料数据的过程；

③打井是建立一个坚固、畅通、规范的油气采集通道的过程。

(5)提高现场地质人员的综合素质，加强地质人员在一线的力量配备。要把有理论、有经验、有敬业精神及良好思维方法的人，放在第一线去把关，这是提高勘探效果的重要途径。因为地质现象从认识论角度讲属灰色体统，不同地质家会对客观上同一地质现象与各项资料数据，得出不同看法，做出不同决策。

三、关于川西新场气田开发中的几点感受

笔者有幸参与了新场大气田的发现，又亲自主持了该气田的开发技术工作。实施五年中有些成效，有些体会。

(1)用"整体观念"制定开发构想。制定规划时，不仅要考虑已查明的气层，还要考虑未发现的油气层，就新场地质条件来看，我们提出了"立体开发，分层实施，浅上产、中稳产、深后备"的战略。五年初步实践证明符合实际。从全球统计资料表明，大多数油气田开发过程中新发现的储量多于开发初期储量数倍以上。

(2)我们从统计分析新场气田资料，发现从 K_1j(170m)组到 J_2q 组(2700m)地质体中，具有一定基质孔隙的砂体都有气的聚集，其压力系数从 1.1～2.0，泥岩中也含有一定丰度的气，表明新场气田 J 系地质体深部须家河组烃气不断向上扩散、渗流被"气化着，气化成藏"观点，按此观点提出"精心部孔，重视录井，注意发现，抓住机遇"的战术，1995 年一年打出三口高产井，发现两个主力开发层位。

(3)依托物探二维、三维地震资料，联合多学科对地质体中的砂体、含气性和构造细节进行整体描述，是查明储量并提高钻井成功率的有效方法。公司首次在川西提出并组织此项工作，进行两轮描述，使钻井成功率由 30%～60.5%↑100%。犹如现代电子技术给地质家们配制的一幅看清地下状况的眼镜，纵横查看整个地下的状况，圆了地质家的梦想，也大大提高了普查、勘探的效果。

(4)对具有一定基质孔隙(5%以上)的砂体，又有较高的孔隙压力系数，进行压裂增产是有效途径。川西 10 多年困惑难采的 J_2s 组致密砂岩气藏，恰如找到了一幅穿山镜，一把大刀后，使上百亿未动用储量，变成有效储量，单井日产油 $0.5×10^4m^3$ 上升至 $2.0×10^4m^3$ 以上稳产。

(5)丛式井、水平井是"良田沃土区"，是开发纵深数千米多层系气田，节约用地、减少污染与节约油建管理的有效途径。

由于地质学科灰色系统成分很重，上述观点、认识，仅是个人在实践感受一些体会，具局限性、地区性。笔者本着"常有欲以观其徼！常无欲以观其妙"的观点，继续求索于实践与同行中。

第四篇　找气经验口诀

Ⅳ-1　找气实践口诀[*]

符　晓

一、川西气藏那点事

一盘①两饼②四匹狼③，后推前啃不相让；
盘饼抗护数亿年，边褶胶隆酿气藏。
海相陆相过渡相④，各套系统有短长；
岩溶⑤形变⑥和气化⑦，成藏模式供商量。
勘探技术六道闸，震钻录测射和压；
三维犹如穿山镜，展示结构靶选准。
录测犹如显微镜，气虎体态看得清；
射压好似亮利剑，剑亮道通虎出山。

注：
　　①一盘：四川盆地基底由埋深于 6000～10000m 以下的花岗岩、变质岩组成一个盘状结构基底。
　　②两饼：指沉积岩，下为海相，富含生物碎屑（肉饼），上为陆相，以植物碎屑为主（菜饼）。
　　③四匹狼：指盆地四周由四大山系组成（龙门山系、大巴山系、大娄山系、六盘山系），这些山体在其后板块推动下，不断切（啃）盆地这个盘。
　　④过渡相：四川特指须家河组。
　　⑤岩溶：指海相成藏，无论是礁、滩、鲕粒，还是白云岩等，都需要构造活动等高温、高压下产生岩溶作用。
　　⑥形变：特指须家河组碎屑岩，在形变正向结构区，破、溶同步形成储集空间。
　　⑦气化：特指侏罗系地层，由砂、泥组成，具有一定基质孔隙与裂缝，深部（须家河组）生成气体（小分子）可以向上扩散、渗流进入整个岩体中，而在相对封盖下，孔隙、缝发育区形成超压（1.1～2.0压力系数）气藏。

---

　　* 论文注释：该文撰写于 2014 年 9 月 9 日。

二、四川浅层天然气勘探开发五模式

(一)思维模式

目标明确不动摇，曲线思维有其妙；
众多环节首尾接，一环脱轨全没了。

(二)生烃模式

无机有机都产烃，海陆沉积不必分；
温度压力助生剂，地幔活动是支撑。

(三)成藏模式

孔缝断破是通道，渗流扩散往上跑；
隆扭破盖成一体，气聚体内有征兆。

(四)勘探模式

三维地震结构展，隆破上无缝通天；
探井精心录测井，淡化岩类重空间。

(五)开发模式

扩大渗面是根本，直斜水平唯实定；
近平①钻进缝护好，道通气出报主人。

注：

①近平：指钻进中，尽量避免钻井液中微粒进入孔缝中，采用略高于地层压力系数的钻井液，并减少浸泡时间。

三、浅层气三字经

浅层气①，满盆居②；低丰度，大面积③；
单产低，靠累计；采中补，长持续④；
勘探路，靠描述⑤；砂页岩，重新组⑥；
水平井，靠压术⑦；丛式井，高效率。

注：

①浅层气：四川指陆相 K_1j 到 J_1 组。
②满盆开发已证实(盆地内)，地表出露 K_1j、J_3p 地层，只要其地表无垂直断破区，其下都可找到天然气。

③大面积：展示地质图与初勘状况，预测全川浅层气含气面积大于 $5\times10^4\,km^2$，其丰度应为 $0.5\times10^8\sim1.0\times10^8\,m^3/km^2$，资源 $3\times10^{12}\sim5\times10^{12}\,m^3$。

④长持续：气源来至深部须家河组，而丰度受控于盖层封盖（相对）能级，这个能级决定其压力系数，未动用保持相对散补平衡状态，一旦采气，其压力降低，其下补给力增强，即"有采有补"；当日产低到接近其下补给，则达到稳定，这种例子在四川有很多典型，如自贡 2 井（它是海相，但陆相一样）已采气达 50～60 年，累计产气数亿立方米，新场的新 77 井 J_3p^2 砂层，日产 $10\times10^4\,m^3$，采气近 20 年，采气 $1.0\times10^8\,m^3$ 以上。

⑤靠描述：K_1j—J_1 为陆相沉积，以河道砂体为主，分布厚度、形变是不均匀的，需经地震三维加储层描述后，择其优者进行勘探，这也是新场气田 1995 年首创对河道砂体进行描述。

⑥重新组：由于压裂技术的成功，富集于致密砂层、砂泥岩互层及 J_1、J_3p 中部的页岩含气层，均可选择其优者进行压裂开发。

⑦靠压术：压裂开发天然气，已成国内外主要环节，它是将原来只有一孔产气变成一片破口出气，尤其压裂中裂缝延伸中沟通破裂带的概率是钻孔的数倍至数十倍，故其产量可由无产到有产，从小产到高产，可算天然气勘探开发的一场革命。美国领头实现页岩气规模开发，我国中石化涪陵页岩气是历史性突破，预计 2015 年达到年产 $65\times10^{12}\,m^3$（美国 2012 年页岩产气达 $265\times10^{12}\,m^3$），故称之为一场新的能源开发革命（页岩成功压裂）。

四、致密砂岩部孔四字经

勘探之要，部孔为本；区要选好，靶要对准；
致密所致，无破少气；有破有流，有流有聚；
聚有条件，破不通天；隐断交汇，目标首选；
盖厚大储，宏观看好；源隆断盖①，优化配套；
逆断上盘，下盘闭眼；井布上盘，下盘靠边；
八五一井②，可以参考；藏无常型，勿可生套③。

注：

①源隆断盖：源——指烃源、生烃岩系；隆——相对隆起区域；断——隆起上部有断破；盖——断破上有较厚盖层。四者优化配套组合。

②新 851 井：指新场气田 2000 年在新场斜坡南侧隆断上盘须二段，按三维部孔成功，即为孝—新构造首口须二发现井。

③笔者作于 2001 年 12 月，《西南石油报》于 2002 年 6 月 30 日刊登此稿。

五、大虎深藏等帅将

（一）局勘探会感怀

川西资源，测超万亿；富难双盾，用武之地；
清理家底，归并资源；三套①系统，各有长短；
只求温饱，陆相可到；欲上小康，海陆互相；
要想富裕，得下海洋；谁主沉浮，当今帅将。

注：

　①三套系统：指川西盆地纵向上可分为三套不同类型的含气系统，从上往下为：陆相碎屑岩含气系统(K_1j—T_3x^4)、海陆交互相含气系统(T_3x^3—T_3m)、海相碳酸盐岩含气系统(T_2—S)。笔者作于 2002 年 4 月 17 日。

（二）川西海相等着勘

川西海相有无气，环顾全川[①]便有底；

若是梳理构造幕，峨眉地裂唱头戏；

南北断裂大开口，槽沟槽台相伴走；

川西地处槽台区，烃源储层不用愁；

海相勘探咋着手，首查相位与结构；

二查平面展布状，磁重地温异常否？

三查区域地震线，优选异常验一验；

择优布口参数井，油气显示汇剖面；

筛选气层精心测，准确评价很关键；

据此作出大规划，创新勘探有春天。

注：

　①全川海相勘探现状是"三有一无"。三有：川南海相开发几十年，近年又有新进展，川东从温江卧龙河到开江已成主产区，川北普光气田已成功，它们的日产均达数百万立方米，储量大于百亿立方米；一无：川西海相尚无一口探井（中坝除外）。笔者作于 2006 年 8 月 4 日。

六、反思两井[①]产差妙

邻近[②]找回八五一，欲获高产两条保；

靶巢类同八五一，有隔[③]水泥进不了；

八五六井守两条，实产[④]类同八五一；

八五三井为啥小，致密不破气聚少；

加深下走六十米，小破小产[⑤]收兵了。

注：

　①两井：新 853 井、新 856 井。

　②邻近：在新 851 井断背内，即新 851 井可采动态储量内高产区。

　③有隔：新部井靶巢与新 851 井靶巢之间，有不破的致密砂泥岩层，防新 851 井注的水泥进入。

　④新 856 井：实际投产日产 $60 \times 10^4 m^3$ 左右。

　⑤小产：新 853 井在新 851 井同一层段，未见裂缝与良好显示，现场决定加深往下钻进 60m 左右见良好气浸，有裂缝（见次生矿物），决定完井，获日产 $8 \times 10^4 m^3$，只相当于新 851 井的六分之一。笔者作于 2004 年。

七、靶准道好虎会笑

(一)拟布新856井后梦想

笑问老兵欲何求，一生虔诚地下游；

日思梦想捕气虎，何方何道大虎出；

切脉三维心地融，靶准道通气出宫；

无奈铁警①不守约，大虎初现雾霾封；

重重迷雾②难化解，重抖地宫金石开；

穴准道好③尘梁少，邻居气虎会出寨。

注：

①铁警：控制气出口处油管、套管、采油树等质量、工艺配套。

②迷雾：漏气出现在井口采油树与套管头结合部，环空气来至何处？

③道好：从井底至井口通道，要求质量、材料、工艺全都能满足温度大于100℃，压力大于80MPa，方能保证安全采气。笔者作于2005年12月。

(二)百万气流又回来

（新856井出气之感）

首探深层八五一①，日产百万神州翘；

无奈缚虎铁笼破②，一年四月命折夭；

短命气虎把春报，新场深层储量高；

公司志士重起舞，八五三井找回少③；

实采计储准可靠，大储小产哪去了；

查资精找大虎穴，精心铸造气通道；

靶准道通气出来，庆幸地宫金石开；

八五六井告主人，百万气流④又回来。

注：

①新851井，是中石化西南石油局新场公司独立组织实施的川西拗陷内第一口深层须二段探井、发现井。孔位在隆破交汇处，在破不通天的思路指导下，经内外两次三维资料处理，三次孔位论证和现场精心布孔，确定了新851井位。经过一年钻探，于2000年底在须二段中上部4800m以下获高产（衬管完井），无阻流量每日$300 \times 10^4 m^3$，试采动态储量大于$80 \times 10^8 m^3$，为川西新场首口深层发现井。

②试采一年后因高压、高温、井口漏气而注水泥封井。

③为找回新851井产能，在其东北约300m处部署新853井，在新851井同一层段，岩层致密无缝少气，加深后在5024～5054m井段获日产$8 \times 10^4 m^3$，未达到目标。

④在2003年底，公司地质老总们以靶点与新851井类同，但又不是同一断破巢穴（以防水泥封堵的原则），精查地震资料，在新851井南约250～300m区内部署了新856井，获日产$60 \times 10^4 m^3$的高产。笔者作于2006年3月

15 日。

八、普光大气田

四川普光大气田，位居华蓥东北端[①]；
油气富集何岩性，浅海鲕滩加礁滩；
飞仙长兴[②]唱主戏，首勘可动数千亿[③]；
单井日产过五十[④]，已建年产超百亿；
欲问普光缘何优，滩礁叠加储巨厚；
印沉燕埋喜定位[⑤]，北东走向扭破汇；
普光这样大老虎，缘何如今才出土；
地震钻压三把剑[⑥]，剑到虎出硬功夫。

注：

[①]普光主力气层，位居达州宣汉境内，地质构造属华蓥山北端，其轴向由北东—北东东，是应力集中断破发育区。

[②]已发现四个主力气层，飞仙关占三个，其储层厚度分别是 T_1f 为 $75.2+22.6+62 \approx 200m$，$P_2$（长兴组）为 $58.85m$，T_1f+P_2 厚度大于 200m 储层。

[③]普光主体区＋大湾区动用储量达 $3500 \times 10^8 \sim 4000 \times 10^8 m^3$。

[④]主体区单井日产达 $70 \times 10^4 m^3$ 左右，周边区日产也达 $40 \times 10^4 m^3$ 左右。

[⑤]经国家 973 项目研究验证，气藏形成经历：印支晚期油气形成，燕山期深埋导致烃类转化为气态为主，喜马拉雅期再次隆破圈闭定位。

[⑥]三维地震找目标，直钻、水平开通道，酸化压裂气虎笑。笔者作于 2013 年。

九、川西气田闲咏

（一）九龙山气田

九龙大鼻川第一[①]，层层楼房全聚气[②]；
初勘三层超百万[③]，全楼资源数千亿。

注：

[①]九龙山—米仓山南坡与龙门山北东向挤压，呈北东高南西低，古今符合大鼻构造，幅度超 1000m，须二圈闭高 400m，闭合面积大于 $120km^2$。

[②]20 世纪打井 15 口，从 J_2s 到 P_1 厚 3700m，地层中发现压力系数 $1.2 \sim 2.1$ 共 11 层。

[③]经过对龙 4 井 T_3x^2、龙 16 井 P_1 及龙 10 井 J_1（珍珠冲）测试日产为 $100 \times 10^4 \sim 251 \times 10^4 m^3$，尤其龙 16 井无阻流量达 $1000 \times 10^4 m^3/d$。

（二）中坝气田

二断捧腹三层楼[①]，其下两层气丰收[②]；
欲问三层气聚处[③]，三维显态精手术。

注：

①中坝气田于 20 世纪地矿部在川西发现的第一气田，是龙门山前缘北东向双断隆幅构造，由印支早、晚两期形成的 T_2l^3、T_3x^2 两构造层。

②有双超之称，已采气油量大于计算储量（计算 $161\times10^8m^3$，实采大于 $200\times10^8m^3$），含气面积大于圈闭面积。

③其上 T_3x^3、T_3x^4 及 J_2s 含气普遍，产量相对小，但改造潜力大。

（三）新场气田

深断中隆浅无伤①，油气充满整楼房②；

欲知海相气何处？隆断相错是方向③。

注：

①构造、剖面图表明，属典型背斜中下部断（T_3x^2、T_2x^3），中部隆起（T_3x^1—J_2s），其上（J_2s—K_1j）完整无断层破坏，压力系数从 J_3p 的 1.2 到 J_2s 的 2.0 再到 T_3x^2 的 1.6 组合。

②从 T_3x^2—K_1j 发现压力系数 1.2~2.0 的七个气层，采气已大于 $200\times10^8m^3$。

③预测海相有中等气藏，在何处？从地震三维上选找断破且高的部位探试。

（四）合兴场气田

地处坳东断褶高①，首勘三井产量好②；

而后数井不见产，断隆组合有奇妙③。

注：

①合兴场构造为川西拗陷东坡，龙泉山南北北段与孝—新—丰构造结合部被纵、横断裂交切断背构造。

②川合 100 井、川合 127 井、川合 137 井三口井均处于断裂交汇上盘又距断层有适当距离，三口井均获得成功。后又按三维资料连打 3 口井，因效果不好而放下。

③它被多向、多期断层切割，欲再勘则从梳理断裂组合着手。

（五）丰谷构造

身居中江斜坡带，北东腹破隆起来；

陆相层层有气聚①，海相礁滩②等着开。

注：

①初勘从 J_3p—T_3x^2 多层有气浸、井喷，并在丰 1 井、川丰 131 井、川丰 156 井、川丰 173 井等获工业气流，须二段、须四段最好。

②此区海相较合兴场、新场更浅，在地震剖面 89-42 线，约 5400m 有类同礁反射波形出现。

（六）大兴西、邛西气田

一鼻两断三高点①，控型控聚控高产②；

欲问浅层如何勘，查型描储压建产。

注：

①此为白马—松华大鼻西翼上被断裁两刀，形成厂字形中浅断背，其上三条次级斜交断层，分成三个高点。

②初探含气范围于三断控内，并有好产。

（七）大邑气田

胸抵白松鼻末端①，背受龙门雾山赶②；

腹背受挤体深埋③，通天低压难好产④。

注：

①该构造位居其南白马—松华大鼻末端，而头尾同层高差达 1000m，表明主应力由南向北推挤。

②大邑西侧为雾中山，同层高差也达到 1000m 以上。

③在前阻后推条件下，须二段被深埋，同层比邻居邛西深 2000m，埋深大于 5000m，为盆内川西构造之首。

④主断裂通天，实钻须二段孔隙度 3%，压力系数 1.2，为川西最低。

（八）白马松华气田

白马松华大高鼻①，鼻大腹厚数千米；

鼻背顶底已报喜②，资源潜力③九龙比。

注：

①大鼻由交汇于洪雅的南北、北东向两组断裂挤抬而成的南高北低、南窄北宽的鼻状构造，高差大于 1200m。

②初探在 J_3p 获日产 $10×10^4m^3$，103 丛式井组 P_1 获数万立方米稳产气井。

③潜力大，从 J_3p—P_1 四千米地质体同步隆起，顶底已获工业气流，腹中应有若干气层待开发。

十、反思川西发现井的故事

（一）放眼川西主拗陷
（忆川合 100 井发现须二之谜）

话说一九八四年，任职①首参布深钻；

安县东坡柏树咀，部已审批深井探。

笔者领队实查看，东西大批石油钻②；

柏咀居中个头小③，细思发展会有限。

放眼川西主拗陷，尚无一口深井探；

复阅图文寻目标，龙泉北段断隆显。

细读物探地震图，纵横断隆多高点；

执图现场实查看，选中合兴断上盘。

初选目标送局审，局总看图又细听；

决定上报部审批，缓柏上合部审定④。

重视拗陷首深探，美国技工⑤电动钻；

实钻须二显示好，完井射测五十万⑥。

入川找气三十年，此井排序四发现⑦；

获部找矿一等奖，无名上榜淡其源⑧。

注：

①1983 年笔者任地矿部第十一普查大队地质副总，负责地质勘探技术。

②川西北、中坝气田成功开发，其东梓潼拗陷已打井数十口，柏树咀居中坝东斜坡上，闭合面积小于 $10km^2$。

③个头小，埋深近 5km，层深、圈闭面积小，又夹于东西气田之间，其发展潜力有限。

④地矿部即刻审批："先上合兴场，缓上柏树咀"。

⑤施工请美国钻井技术人员现场负责，司钻、副司钻都是美国人。

⑥完井射孔须二段中上部获测试日产 $50×10^4m^3$，实际输气日产 $30×10^4m^3$。

⑦第四发现井，地矿部在川找气 30 多年，先后在全川(川中、川东北地区)打了三口发现井，而川合 100 井是第四发现井，获地矿部找矿一等奖。

⑧文件下发，其上无具体人物。

(二)机遇给予准备者

(忆川孝 153 井①发现蓬莱镇组的故事)

> 设计本是沙溪庙，钻至蓬组气虎闹②；
> 当局拟定封压井，得此信息去井考。
> 细查气出粉砂岩，结晶方解缝作怪③，
> 正是论文预测述，砂缝结合气聚库。
> 当晚请教主领导，同意测试完井了；
> 实测稳输二万五④，"浅肥气藏"身份露。
> 气虎居浅有内线，一虎出山众虎现⑤；
> 新场勘开仅一年，浅层日产超百万⑥。
> 回忆当年浅层梦，玉 33 井⑦信号送，
> 风风雨雨 35 年⑧，浅层找气梦实现。

注：

①川孝 153 井于 1992 年在新场地区施工，目的层是沙溪庙组。

②实钻至 700m 左右井涌强烈，1.2 钻井液压不住井，大队开会决定注水泥封井往下钻。

③笔者到井场实看井喷段岩屑为粗粉砂岩夹众多 1～3mm 大小的方解石晶体，说明砂缝结合气集中，这与笔者论文中提出的"因数年浅层见气难见产，分析预测在井眼与砂缝结合区相遇会有好产"的结论相符，笔者认为获产机会已到，立即电话请示局领导，当晚得到答复完井测试。

④衬管完井测试，日产稳输气 $2×10^4～3×10^4m^3$(700m 井深)，于是地质确认"浅而肥气藏"。

⑤川孝 153 井发现浅而肥气层后，德阳市燃气公司强行上钻打井在最好区约产气 $1×10^4～3×10^4m^3$，并扩大地盘。

⑥由省出面协调或成立局、成、德、绵四家联合开发 $42km^2$ 天然气。

⑦1978 年川玉 133 井 J_3P(1000m)井喷后，再到 1992 年的川孝 153 井，首口成功后，进入开发期并由西南石油局主导实施，笔者任总工程师，实施中借用二维地震资料描述河道砂岩，成功率由 50% 上升到 100%，含气面积扩大了1/3。1995 年底，区块浅层三家(西南石油局、德阳、新场气田公司)合计日产超百万立方米。

⑧从 1978～2013 年历经 35 年跌宕之路后，川西浅层气稳产近 $30×10^8m^3$(包括地方的)，近来在成都凹陷、中江等区块(J_3p)较大范围已成功开发。

(三)顺势而为获高产

（忆新 806 井发现之感）

> 川西新场八〇六，千佛地层抓大虎；
> 设计本是沙溪庙，其上蓬二高产笑[①]。
> 钻达沙组显示好，开脑细思有奇妙；
> 气源来至其深层，若下有储会更好。
> 现场决定加深钻，加深六十喜讯传；
> 缝多压高虎闹跳，完井稳输三十万[②]。
> 四川此层是首创，获部找矿一等奖；
> 其后家族隐蔽深，至今老二不出山。
> 千佛顶是侵蚀面，打开三维再查看；
> 位高相乱择优勘，会有虎族聚里面。

注：

①新 806 井钻至井深 1000m，层位 J_3p^2 见良好气浸、涌，岩性为粗粉砂岩，便决定在同井场打新 77 井，实钻获稳产 $10×10^4 m^3$，创此层首位，现在累计产气超过亿立方米。

②衬管完井测试，稳输日产 $30×10^4 m^3$，累计采气超过 $2×10^8 m^3$，笔者等人获地矿部找矿一等奖。

(四)林中看树八五一

（忆新 851 井部孔）

> 孝新背斜有奇妙，二维须二圈闭小[①]；
> 调整思路看背景，换位思考前景好。
> 据此想法作三维，三维虎体增大了[②]；
> 虎背之上小断层，断层上盘是目标。
> 隆破上盘布口井，精心施工八五一；
> 预测深度不露面，加深两次气虎笑[③]。
> 气虎汇聚破房间[④]，完井稳输四十万[⑤]；
> 新场气田四发现[⑥]，首显川凹深层潜。

注：

①须二段二维圈闭面积 $1.8 km^2$。

②三维出来，须二顶圈闭面积上升至 $7.8 km^2$。

③地震依据邻区推测须二顶深为 4530m，实钻 4635m 才进须二顶，原设计 4650m 不能终孔，只有加深往下钻，但须二段进 100m 已过局部圈闭移出点，钻过 100m 致密砂岩夹页岩，无缝。在钻井液密度 $1.61 g/cm^3$ 条件下基本无显示。现场分析实钻岩性与三维波组特征，发现在 $T_0=2.4s$ 的强相位下，有相对弱反射区，也是断裂延伸交汇部位，便决定加深往下钻。实钻 $T_0=2.4s$ 钻过 27m 页岩后，砂层出现大量次生矿物（井深 4870m），完钻射孔，实测获产，无阻流量 $151.7×10^4 m^3/d$，稳输日产 $40×10^4 m^3$。

④次生矿物多，砂层破碎，正是气储空间。

⑤中央电视台于 2003 年 1 月 25 日晚 20：30 对新 851 井进行了报道，笔者执图主讲部井过程。

⑥新场构造也是川西拗陷北坡首口深层须二段发现井。

十一、自　　题

学地质，找油气，胸中愿，难于息；
悠悠春秋四十载，倾尽心力；
跋涉不惧路崎岖，井场岂畏寒暑烈；
捕川西气虎显真容，梦中悦。

注：笔者作于 2000 年 12 月。

十二、寻油情

人靠气血水活命，地依水气油平衡；
问闻切脉知健状，观山敲石索油情。

注：笔者作于 2001 年。

十三、恋　　石

生命本有限，敲石占大半；
问石出生日，生在何境地。
腹中含何物，与气啥关系；
寻气今住址，邀汝出大地。

注：笔者作于 2001 年。

Ⅳ-2　地质老兵[*]

（符晓同志西南石油局首届科技大会先进事迹）

符晓同志是西南石油局十一普高级工程师。自 1983 年起主管全队勘探地质技术业务，任副总工程师。

他 20 世纪 60 年代初期毕业于西南石油学院石油地质专业，已在油气勘探战线工作了 30 多年。由于他长期身居油气普查勘探第一线，加之勤奋学习、善于思考、勇于探索、作风踏实，注重将油气地质理论和川西地质条件结合进行油气成藏预测，及把准钻井过程中捕获油气成果的机遇等方面，进行了卓有成效的工作。他和同行一道，九年中先后在四个构造上打出了七口发现井和一口特高产浅层气井。为川西侏罗系红层气田，合兴场须二气田的发现作出了重要贡献。他的工作，得到了领导、职工的赞扬及同行的好评。

一、勤于成藏预测，推动油气发现

符晓同志于 20 世纪 70 年代中期来到川西地区作钻井地质录井工作，在经过了几年的地面、地下观察、学习、思考及钻井录井实践后，逐渐对川西地区天然气地质方面的沉积、构造、成藏、油气显示分布特征有了一些认识，相继形成了"多期成藏，裂缝控矿"等地质新观点和唯实而筹的勘探方法，进而不断地对川西地区各区块、多领域提出了成藏预测与勘探建议。

（一）十年红层预测，找气思路清晰

一位地质学家在找气的哲学一文中说："油田在哪里？油田在地质家的脑海里"。还在 1980 年玉泉作井下地质员的符晓同志，便首次提出了"川西油气勘探目的层应以须二为主，兼顾须四及侏罗系红层沙溪庙组和蓬莱镇组"的建议，建议论述中明确指出"四川运动形成的旋扭转构造，是该区三叠系及侏罗系油气富集的重要地质条件"。

1983 年在地质部署会上，符晓同志对孝泉红层次生气作了成藏机制、产能风险预测的发言及井位建议（104 井）的文字报告。

---

　　* 论文注释：该文系西南石油局第十一普查勘探大队撰写于 1994 年 10 月，在"西南石油大学四十周年校庆大会"上交流，并收录于《嘉陵朝阳》（四川大学出版社）一书中。

1984 年、1985 年孝泉红藏中段突破后，他在 1987 年又提出了丰谷构造"从地震资料分析，侏罗系可望找到气藏"的预测与建议。

在红层中段突破后，他在 1988 年、1991 年相继几次对侏罗系浅层蓬莱镇组(J_3p)成藏作出了预测与勘探建议，如在 1988 年初西南石油局召开的地质部署大会上，符晓发言主张："勘探开发川西 500~1500m 的浅层天然气"，在总结了玉泉、孝泉、白马关等钻井中的油气显示资料后，进一步指出"在玉泉、孝泉、合兴场的三角地带，具有形成中小气藏的地质条件"（1992 年以来发现的新场浅气田即在此区），同时评述"开发这些浅层气具有井浅、成本低、面积广的特点，前景应该是乐观的"。1991 年他在提交的《川西孝泉—青岗咀 J_3p 组浅层气的勘探初议》专题建议中，对该区蓬莱镇组成藏作了具体描述："现今构造隆起带控制着气体的聚集；砂体发育程度控制着产能与丰度；在上覆封盖条件下裂缝（或小断层）与砂体交汇处为高产气井有利部位"。这些论述与建议，影响着部署，指导了该区的发现。

（二）预测南北带，首勘合兴场

符晓同志对石泉场—合兴场—玉泉南北断褶带的总体成藏条件也作了多次评述预测与勘探建议。

1980 年他就注意到玉泉、罗江、合兴场地区构造形迹方向多变、中小断裂纵横交切的特征，在其建议材料中评述"该区构造强度不大的各类张性、压性结构面是该区油气从深到浅运移、聚集的地质条件"并建议部署参数井。

1986 年他在《石油实验地质》杂志发表的论文"四川盆地西部找油找气方向"一段中，在分析了龙泉山至安县南北断褶成矿条件后，具体指出"金堂县至安县一带，晚期断褶强度小、盖层基本未破坏，具有运移保存油气的地质条件，因此，这个长约 80km、宽约 30km，略向东凸的弧形带是寻找油气有利地带"这个论述已被物探、钻探所证实，并先后于 1983 年、1984 年提出建议部了川合 100 井（川西深层须二首口发现井，获地矿部找矿一等奖）。

二、找气执着，善抓机遇

"机遇只偏爱有准备的头脑"。在长期的找气实践中，符晓同志以执着的找气责任、丰富的实际经验，将理论上的成矿预测和钻井过程中的油气发现实践有机地结合起来，从而抓住了一个又一个获取油气的机遇。

（一）两井连续突破获产，发现孝泉红层气田

1983 年底，在地质部署会上，符晓、陈长仁（第二物探大队）、杨俊书等从裂缝控矿观点出发，建议部了川孝 104 井，目的层须四段，该井往深部钻进中，在侏罗系遂宁组发现井喷显示（在川西已是常事），符晓同志到井场实地分析现场资料后，没有照常规"过门而不入"，而是敏感地意识到有产能、值得一测，但凭一般显示资料提出预测是很

难得到批准的，便请井队地质组长齐炯凡等自制孔板测一下，实施获日产 $4.0×10^4\mathrm{m}^3$ 左右产能，便下定了测试的决心，经过绵竹会议统一认识，向西南石油局请示完井测试，局里当即同意，从而获得日产 $3.4×10^4\mathrm{m}^3$ 气的工业气井，实现川西拗陷红层首次突破。

在建议 104 井提前完井测试报告中，他还同时提出在 104 井井场部了 106 井的建议，目的层须四段，井深 4000m，1985 年元月符晓同志从该井旬报发现 1900～1940m 段有良好气显示，便同地质科王平一道去井场，和齐炯凡、朱旭阳等一道翻查岩性、次生矿物等资料，并于当晚赶编了录井综合图，认为"各项资料十分吻合、气层可靠，预测产量会大于 104 井"，便决定向局请示测试，经西南石油局同意实施获初产 $10×10^4\mathrm{m}^3$ 的工业气井，进而发现孝泉侏罗系中统(J_2s)次生气藏，揭开了川西拗陷红层找气的历史。

(二)敢冒风险要油气，浅层首次获高产

在新场构造施工的川孝 153 井，设计目的层沙溪庙组，井深 2400m，在往深部钻进中，于 1992 年 9 月 17 日在井深 713～721m 井段，发生井漏、井涌。为了完成年度计划进尺任务，9 月 18 日队上决定用水泥浆挤死往下钻进，符晓同志得知这一情况后，凭他的责任与敏感，立即搭送水泥的车到井场，查实岩性、次生矿物、钻时、气测，漏、涌量，并发现 716m 有放空现象后判断："此井段就是砂岩与裂缝交汇，又有微超压力"。这正是前面预测的"浅层气在上覆封盖条件下，砂层与裂缝交汇处会有高产气"的机会。符晓同志冒着不获产、影响进度、受批挨骂的风险，一面请井场缓挤水泥，一面连夜赶回绵阳向局汇报请示。西南石油局在外地(自贡)开会的总工、地物处长，当晚(9 月 18 日)决策，回电同意并立即实施，获日输气过 $2.2×10^4\mathrm{m}^3$ 的浅层第一口高产气井，进而将新场浅层气藏上升为"浅而肥"的评价，推进了川西地质浅层气的勘探开发。符晓及同行获西南石油局特别奖三千元。

(三)一年突破三个"1"，增储上产跃台阶

1993 年度，正当西南石油局在增储上产遇到困难的情况下，身居勘探前线的符晓与其同行一道，连续抓住了 161 井、141 井、131 井三口井，都在设计目的层以上获产的机会，及时提出测试的意见，从而获得两口侏罗系(上、下统)发现井(141 井、131 井)和一口特高产浅层井(161 井)。

特别是丰谷 131 井，是在 125 井失利，中石油兄弟单位在须四段、须二段获产气的情况下，符晓同志代表大队再度申请上钻勘探须四段，该井能否获产不仅影响到该井勘探前景，也关系到西南石油局在兄弟单位和地方政府当中的信誉。因此，该井上钻后，符晓等十分重视获产机会，一方面向西南石油局提出如何重视侏罗系的油气发现，一方面在现场跟踪钻进实况。当钻达 2800m 沙溪庙组发现显示后，他和井队地质同事们便不分昼夜与假日连续到井场跟踪每层油气显示，仔细查找次生矿物等。当分析判断侏罗系中一下统几个显示层有把握获产时，便向西南石油局请示测试，局领导及时决策，实施获日初产气 $16.7×10^4\mathrm{m}^3$ 高产气井，从而实现丰谷构造上新深度、新层位的重大发现，也兑现了西南石油局向绵阳供气合同，重塑了我局在绵阳丰谷构造进行油气勘探卓有成效的行业形象。

　　川合 141 井、川丰 131 井侏罗系获产，将川西侏罗系的可供勘探开发的面积扩大到 200km² 以上，进一步展示了侏罗系浅、中深的勘探前景。

三、钻探合兴场，须二获高产

　　1984 年初，西南石油局在梓潼地区部了川柏 102 井，符晓等同志在查阅了地震资料，证实了合兴场深部有圈闭存在，构造又处于川西拗陷及多组正向构造交汇处，深部断裂发育，成矿条件好，具有战略性意义；同时组织十一普相关领导勘定了川合 100 井具体孔位，便向西南石油局汇报请示。局王总、郭总等见到合兴场构造图和汇报后，完全赞同，并作出"先上合兴场，缓上柏树咀"的决定，并报部批准后，使用美国电动钻，实施获得高产气流，发现了合兴场须二气田，实现了地矿部在四川盆地找油气 40 年的第四次重大突破。

　　符晓同志作为十一普地质技术负责人，既是气田发现中的倡导者、组织者，又是在找气关键环节亲自到现场实查操作把关的技术带头人。

　　总之，长期处在找气一线的符晓同志，几十年如一日，事业执着，作风深入，找气思想活跃，注重在实践中不断地总结、探索，将理论和实践，科学与技术融为一体，形成了一些可取的找矿地质观点，唯实而筹的勘探方法和较高的气藏综合判断技术，在川西拗陷红层气田，合兴场须二气田的发现中，与同行一道作出了重要贡献。